Abate Bekele
Demeke Nigussie
Diriba Geleti

Inovações dos Agricultores na Etiópia

AF550959

Abate Bekele
Demeke Nigussie
Diriba Geleti

Inovações dos Agricultores na Etiópia

ScienciaScripts

Imprint

Any brand names and product names mentioned in this book are subject to trademark, brand or patent protection and are trademarks or registered trademarks of their respective holders. The use of brand names, product names, common names, trade names, product descriptions etc. even without a particular marking in this work is in no way to be construed to mean that such names may be regarded as unrestricted in respect of trademark and brand protection legislation and could thus be used by anyone.

Cover image: www.ingimage.com

This book is a translation from the original published under ISBN 978-620-2-04967-2.

Publisher:
Sciencia Scripts
is a trademark of
Dodo Books Indian Ocean Ltd. and OmniScriptum S.R.L publishing group

120 High Road, East Finchley, London, N2 9ED, United Kingdom
Str. Armeneasca 28/1, office 1, Chisinau MD-2012, Republic of Moldova, Europe
Printed at: see last page
ISBN: 978-620-8-20538-6

Copyright © Abate Bekele, Demeke Nigussie, Diriba Geleti
Copyright © 2024 Dodo Books Indian Ocean Ltd. and OmniScriptum S.R.L publishing group

Índice

INOVAÇÕES DOS AGRICULTORES: UM ESTUDO DE CASO DE TRÊS DISTRITOS, NA ETIÓPIA CENTRAL

Abate Bekele[1] , Demeke Nigussie[2] e Diriba Geleti[3]

[1] Autor correspondente e Economista Sénior, DZARC, email: abatebekele98@gmail.com
[2] Investigador em GIS, EIAR, email: demekna@yahoo.com
[3] Investigador Sénior em Agronomia Forrageira, EIAR, email: dgeleti2005@yahoo.com

CAPÍTULO 1: INTRODUÇÃO

1.1 Antecedentes

A África é frequentemente citada como a única região em desenvolvimento onde o crescimento da produção agrícola e do rendimento está a ficar muito aquém do crescimento da população (Savadogo *et al.,* 1994; Islam, 1995). A população duplica a cada 25 anos, enquanto o crescimento da produtividade agrícola diminuiu de 1,9 para 1,5% por ano nos últimos 15 anos e, até 2025, prevê-se que a população desta região atinja 1,3 mil milhões de pessoas (Banco Mundial, 1997, 2010). Assim, a necessidade de aumentar a produtividade da terra e do trabalho aplicando a ciência, a tecnologia e a inovação está a tornar-se urgente (Uma, 1990).

O potencial de produção alimentar dos países da África Subsariana (ASS) foi reconhecido e identificado como uma prioridade de investigação (Winrok International, 1992). Além disso, algumas novas tecnologias agrícolas foram introduzidas nestes países. Embora estes pacotes tecnológicos sejam frequentemente de natureza geral, destinam-se a explorações agrícolas e comunidades em diferentes ecologias e em diferentes níveis de desenvolvimento de infra-estruturas e capital humano, por exemplo, educação, experiência, competências técnicas e acesso aos mercados. Consequentemente, as tecnologias têm um desempenho diferente nos diferentes locais e os resultados globais ficam aquém do potencial. Na divulgação de novas tecnologias, os agricultores da região são tratados como se as suas limitações e oportunidades fossem semelhantes. Esta abordagem é também adoptada para a investigação aplicada, em que a maioria dos estudos sobre a produtividade das explorações agrícolas geralmente estratifica as explorações apenas por caraterísticas agrícolas, por exemplo, dimensão da exploração, posse e nível de rendimento, e depois procede à medição da eficiência das explorações médias. Estes métodos pressupõem que todas as explorações produzem em condições semelhantes e, como tal, as diferenças de produção e de produtividade entre explorações devem-se sobretudo à escala de exploração. Uma metodologia que ignora o ambiente em que a exploração agrícola opera, as condições biofísicas, a pressão populacional e o acesso ao mercado e as suas implicações para a afetação dos recursos dos agricultores e consequente produtividade, pode ser enganadora (Sarah e Ehui, 1996). A Etiópia é um dos países subsarianos onde a agricultura desempenha um papel importante no desenvolvimento do país, e atualmente a maioria da população ainda depende da agricultura para a sua subsistência. A produção agrícola baseia-se numa variedade de pequenas explorações agrícolas com um certo número de parcelas ou lotes de terra. A agricultura representa 46% do produto interno bruto (PIB) e 90% das exportações, e dá emprego a cerca de 86% da mão de obra do país (CSA, 2016). A aplicação de tecnologia ainda é baixa, e a terra cultivada por família é demasiado pequena para satisfazer as necessidades básicas da família e o rendimento é relativamente baixo. Como resultado, a maioria da população camponesa é classificada como tendo baixos rendimentos.

Uma abordagem de tamanho único não funcionará em África. Por conseguinte, África deve procurar as soluções certas para as diferentes situações. Existem enormes diferenças entre o que é necessário em África e na Ásia. As economias nacionais dinâmicas e em crescimento da Ásia oferecem aos pequenos agricultores muito mais oportunidades de diversificação para produtos de maior valor e fontes de rendimento não agrícolas. Mas em África, essas oportunidades são muito mais limitadas devido às economias pobres e de crescimento lento e muitos pequenos agricultores estão presos a modos de agricultura de subsistência. É igualmente crucial elaborar estratégias diferentes para as pequenas explorações agrícolas que têm um futuro comercial viável e para as que não têm oportunidades, exceto redes de segurança e estratégias de saída para estas últimas.

As possíveis formas de resolver os problemas de escassez de alimentos são: a) aumentar a produtividade por unidade de terra e de mão de obra através de mudanças técnicas, b) colocar mais terra em cultivo e c) melhorar a eficiência com que os agricultores utilizam os recursos disponíveis. A primeira alternativa depende inteiramente da aplicação de técnicas agrícolas. O agricultor moderno aumenta, em grande medida, a produção por unidade através da utilização de factores de produção adequados, tais como variedades de culturas de elevado rendimento (HYV), fertilizantes e drenagem, de modo a que a terra possa ser parcialmente substituída por know-how e capital. Isto pode ser praticado em zonas onde há pouca terra disponível para a produção vegetal e animal. A segunda alternativa, que consiste em aumentar a produção agrícola através do cultivo de mais terras sem alterar os métodos agrícolas tradicionais, pode ser aplicada em zonas com abundância de terras. A terceira possibilidade, de aumentar a produção agrícola através de melhorias na eficiência técnica sem recorrer a novas tecnologias melhoradas e a factores de produção adicionais (terra, mão de obra, etc.), ainda não foi explorada nos países em desenvolvimento devido a uma série de razões económicas e técnicas.

Na Etiópia, as explorações agrícolas de pequena escala continuam a ser viáveis, produzindo a maior parte dos cereais. Os investigadores debatem a escala das explorações agrícolas e a crise alimentar à luz dos recentes aumentos dos preços dos alimentos e o futuro da agricultura de pequena escala (Abate *et al,* 2009; Wiggins, 2009). A segurança alimentar dos pequenos agricultores depende da utilização de conhecimentos e inovações indígenas, com uma perda mínima de quantidade e qualidade, e utilizando um método eficaz que os agricultores possam pagar. Para além de considerações económicas óbvias, os agricultores africanos são fortemente influenciados por factores socioculturais como as normas do seu grupo étnico (1993; Elwell e Maas, 1995) e o forte apego à terra (http://archive.ifla.org/IV/ifla73/papers/120-Aina-en.pdf).

Um dos requisitos para aumentar a produtividade das explorações agrícolas é o desenvolvimento ou a mudança tecnológica. Os rápidos avanços tecnológicos das últimas três décadas, especialmente no trigo e no arroz, representam um período extraordinário de crescimento da produção alimentar mundial, especialmente na Ásia (Byerlee, 1990). Também nos países africanos, os serviços de investigação e extensão agrícola são supostamente responsáveis pela divulgação dos resultados da investigação a todas as categorias de explorações agrícolas. No entanto, as pequenas explorações agrícolas não procuram informação do governo com tanta facilidade e frequência porque os agentes de extensão estavam/estão ocupados com a coleta de impostos, empréstimos e outras tarefas administrativas. Estas não são certamente as melhores condições para ganhar a confiança dos agricultores! Embora o pessoal do governo tenha afirmado que trabalha com os agricultores mais receptivos, partindo da premissa de que o conhecimento "se espalha" para os outros, esta estratégia tem-se revelado infrutífera ao longo dos anos (Singh e Williamson, 1985; Marshall e Thompson, 1978; McCann, 1990). Além disso, o aumento da produção agrícola demora muito tempo porque os agricultores têm as suas próprias inovações. Consequentemente, demoram muito tempo a aprender novas ideias ou não têm curiosidade suficiente para aprender novas ideias vindas do exterior, receando os riscos e as incertezas que se lhes deparam. O grande desafio que se coloca à produção em pequena escala é, por conseguinte, como reduzir a curva de difusão da tecnologia para que os agricultores adoptem um aumento de rendimento tão rápido que garanta a segurança alimentar.

1.1. Declaração do problema

A Etiópia implementou uma série de políticas de investigação, extensão e educação para alcançar um desenvolvimento económico sustentável. No entanto, a maior parte das políticas aplicadas foram adoptadas do estrangeiro e não funcionaram bem nas situações locais. Estas políticas foram frequentemente implementadas sob a forma de projectos e, no momento em que os projectos terminam, os fundos dos doadores deixam de estar disponíveis, as coisas voltam ao seu estado original e a estrutura assim criada é perturbada. Para este efeito, as experiências adquiridas com programas como o sistema de extensão de formação e visita (T&V) foram excelentes exemplos do caso em questão. No passado, foram feitos e estão a ser feitos na Etiópia exercícios maciços de políticas para formular uma melhor extensão agrícola. No entanto, os serviços de extensão agrícola prestados aos agricultores continuam a ser muito reduzidos e mal coordenados.

As políticas de investigação agrícola, de extensão rural e de educação elaboradas a diferentes níveis e em diferentes épocas podem ser boas, mas a sua formulação não é participativa e, por vezes, não representa os interesses, as necessidades, as preocupações ou os problemas da população agrícola. A aplicação das políticas falha devido a um quadro institucional deficiente, à falta de motivação ou à ausência de um fluxo de informação adequado da base para o topo. Além disso, a inovação local e os conhecimentos indígenas não são integrados nos conhecimentos científicos e na investigação. Em consequência, as tecnologias e inovações agrícolas modernas permanecem frequentemente inacessíveis aos agricultores pobres em recursos que trabalham em ambientes diversos e complexos.

Além disso, quando se trata de chegar aos pequenos produtores na Etiópia, os desafios do acesso à inovação e da iliteracia continuam a ser substanciais. Muitos programas de desenvolvimento são orientados do topo para a base e não são necessariamente adaptados às necessidades dos produtores. A fiabilidade dos dados recolhidos junto dos agricultores e o fluxo de informação para os agricultores é outro dos principais desafios. Sem confirmação, alguns agricultores têm relutância em confiar/aceitar a informação que recebem dos investigadores e dos extensionistas por ignorarem os problemas das explorações agrícolas. Na maioria dos casos, os agricultores consideram os investigadores e extensionistas como agentes que transmitem os regulamentos do governo sem serem responsáveis pelas necessidades e problemas dos agricultores.

Por último, a Etiópia dependia de capacidades externas para a maior parte da sua investigação científica no domínio da agricultura. Este facto prejudicou a sua capacidade de utilizar a ciência para encontrar soluções para problemas específicos da Etiópia. Esta situação tem de mudar. A investigação científica deve basear-se na Etiópia, ser da sua propriedade e ser dirigida por ela.

1.2. Objetivo do estudo

O objetivo da investigação era compreender melhor as inovações e práticas dos agricultores e os problemas que pretendem resolver. O estudo visa igualmente colmatar o fosso entre os investigadores, os agentes de extensão e os agricultores.

1.3. Importância do estudo

O efeito da inovação dos agricultores na produtividade e eficiência dos pequenos agricultores não tem recebido muita atenção. É imperativo descrever e diagnosticar as inovações dos agricultores existentes e analisar o seu efeito na produtividade dos recursos e na adoção de novas tecnologias (Reij e Waters-Bayers, 2001). Em geral, os pequenos agricultores enfrentam muitos compromissos na adoção de novas tecnologias para a produção agrícola e pecuária. Prestar a devida atenção à inovação dos agricultores e à investigação científica alivia os constrangimentos dos agricultores na produção vegetal e animal. No final, este estudo contribuirá para uma investigação mais aprofundada sobre a inovação dos agricultores, de modo a compreender o fosso entre investigadores, agentes de extensão e agricultores.

1.4. Âmbito e limitações do estudo

Devido a limitações financeiras e de tempo, o estudo centrou-se no inquérito por amostragem em três distritos, na discussão com grupos de foco de agricultores e em dois workshops de partes interessadas sobre as inovações dos agricultores. Assim, a dimensão da amostra foi limitada a 190 agricultores nos três distritos selecionados.

Apesar da dimensão limitada da amostra e da cobertura da área, o estudo contribuirá com contributos inestimáveis para considerar as inovações dos agricultores na conceção da política agrícola e na investigação no que diz respeito aos pequenos agricultores, especialmente em regiões onde as tecnologias de investigação são muito escassas em resultado do aumento da população agrícola.

1.5. Organização do estudo

Este estudo está organizado em cinco capítulos. O esboço do conteúdo de cada capítulo é apresentado de seguida.

Capítulo 1. Introdução: Este capítulo apresenta a introdução, o enunciado da problemática, os objectivos, os significados e as limitações do estudo.

Capítulo 2. Revisão da literatura: A literatura sobre o quadro concetual da inovação dos agricultores é revista. São discutidas brevemente as razões pelas quais os agricultores utilizam os seus próprios conhecimentos indígenas.

Capítulo 3. Metodologia da investigação: O principal objetivo deste capítulo é fornecer uma visão geral das diferentes fases do estudo. São discutidos os distritos do estudo, a conceção do inquérito e a amostragem, a recolha de dados e a análise dos dados.

Capítulo 4. Resultados e discussão: Este capítulo analisa e destaca os resultados do estudo

Capítulo 5. Conclusões e recomendações: este capítulo final destaca as conclusões e recomendações resultantes do estudo sobre a inovação dos agricultores.

CAPÍTULO 2: REVISÃO DA LITERATURA

A inovação é uma ideia, uma prática ou um objeto que é entendido como novo por um indivíduo ou outra unidade de adoptantes. O processo de adoção de uma invenção para utilização prática é designado por inovação. Pouco importa se a ideia é objetivamente nova ou antiga para essa área. Em termos literais, a inovação é uma nova ideia inventiva/invenção/conhecimento para melhorar um processo desejado para aumentar a produtividade e a eficiência, para fazer as coisas de uma forma diferente mas melhor de produzir bens e serviços. A inovação é uma ideia/conhecimento novo/único ou antigo que está a ser aplicado pela primeira vez ou modificado para aumentar a produtividade, envolvendo aprendizagem, análise e implementação para resolver problemas.

A inovação está a ser criada à medida que a tecnologia continua a acelerar a mudança em todos os níveis da nossa vida pessoal e profissional. Tomando os agricultores como foco de atenção, que tipo de ambiente encoraja melhor a procura de inovação? Alguns agentes de extensão com ideias inovadoras ou a concessão de liberdade individual aos agricultores para implementarem soluções inventivas para os problemas quotidianos. Se os agricultores tiverem a liberdade de falhar e de aprender rapidamente com os seus erros, a inovação só tem a ganhar. Muitas vezes, a partilha do processo, do produto e do serviço entre os agricultores pode acelerar a inovação, melhorar os resultados das explorações agrícolas e transformar a mudança rápida numa vantagem competitiva (experiências pessoais e percepções, 2017).

Os resultados esperados de um sistema de inovação são bens e serviços produzidos de forma eficiente, produtos, processos e soluções melhorados/novos para constrangimentos, custos reduzidos, maior eficiência e eficácia na produção de bens e serviços, maior conhecimento, difusão e aplicação, melhores atitudes, melhor desempenho e competitividade e desenvolvimento socioeconómico (McKelvey, 1997).

Os principais factores que desencadeiam a inovação são a procura/desejo de melhoria ou a procura de soluções, a concorrência entre diferentes actores, as forças do mercado, o conhecimento ou o desenvolvimento tecnológico, a nova informação, a mudança de ideias/ambiente (política, economia), o investimento, os problemas/constrangimentos, as necessidades e carências, os actores e as funções dos actores, e a aprendizagem com outros actores (Reij e Bayer, 2001; FIDA, 2008).

Passando aos aspectos práticos, qual a melhor forma de promover no terreno as inovações necessárias aos pequenos agricultores? As três listas de caraterísticas constituem um ponto de partida:

1. A inovação que mais facilmente será adoptada;
2. Pessoas e instituições normalmente mais prontas para adotar; e

3. A sequência das etapas que devem ser normalmente negociadas para que uma inovação seja adoptada e posteriormente consolidada.

A escassez de recursos e outras mudanças contextuais exigem novas formas de fazer as coisas. Por outras palavras, as inovações devem ser desenvolvidas no país ou região ou adoptadas rapidamente de outros países ou regiões com as mesmas condições naturais e socioeconómicas. No entanto, a relutância crescente dos agricultores em adotar novas ideias, a incapacidade ou o insucesso do governo, dos investigadores e dos agentes de desenvolvimento em prestar serviços de alta qualidade a zonas remotas e a falta de uma cultura popular de preocupação com o ambiente influenciam crucialmente a capacidade dos principais intervenientes para inovar ou adotar a nível local (Moseley, 2003).

A estratégia de inovação para o desenvolvimento rural deve, por conseguinte, ser adaptada aos diferentes tipos de pobres rurais e às suas fontes específicas de rendimento. Assim, a inovação a selecionar ou escolher deve aumentar o crescimento da produtividade nas explorações de pequena escala. Atualmente, não podemos competir nos mercados globais porque os nossos sectores de produção não aplicam suficiente e adequadamente a ciência, a tecnologia e a inovação.

Para além do acima exposto, falta-nos ainda o seguinte:

❖ O desenvolvimento da ciência, da tecnologia e da inovação não se baseia nas necessidades de subsistência dos pobres;

❖ As pessoas aprendem de facto fazendo (Arrow, 1962), utilizando (Rosenberg, 1982) e interagindo (Lundvall, 1992);

❖ As pessoas devem fazer a diferença entre *o conhecimento tácito* e *o conhecimento codificado*. Por outras palavras, deve haver um casamento entre a teoria e as práticas;

A partir do debate anterior, quatro questões estarão na base da reflexão que se segue:

1. Como podemos reconhecer e escolher as inovações mais adequadas para a promoção dos pequenos agricultores pobres?

2. Que factores contribuem para a rápida difusão e a adoção precoce de inovações para as populações rurais pobres?

3. Quais são as consequências típicas da inovação para a comunidade agrícola rural; e

4. Qual a melhor forma de promover a subsequente difusão da inovação no terreno?

Devem ser consideradas seis questões-chave para uma rápida difusão e adoção das inovações (Moseley, 2003):

1. ***Âmbito holístico**:* Trazer todas as partes interessadas e comunidades locais para as mesas redondas, em vez de compartimentos separados;

2. ***Abordagem ascendente**:* Envolvimento genuíno e profundo das comunidades locais no exercício de planeamento e alguma medida de apropriação local;

3. ***Baseado na investigação**:* Deve ser feito um esforço para recolher e avaliar os dados sobre as questões e os recursos locais, bem como sobre as necessidades e as esperanças locais para o futuro

4. ***Preocupação com as prioridades**:* Um esforço para conciliar os conflitos locais entre objectivos e as divergências de prioridades;

5. ***Foco na abordagem de parceria**:* Reunir toda a comunidade local, agências oficiais e organizações na fase de implementação;

6. ***Concentrar-se na ação**:* Todos os aspectos da ação proposta devem ser claramente definidos, perguntando-se porquê? por quem? onde? quando? como? e com que recursos?

Nos últimos anos, a abordagem do sistema de inovação (SI) tornou-se mais popular tanto no domínio científico como político (Mytelka, 2000; Carlsson *et al.*, 2002; McKelvey, 1997; Hall *et al.*, 2006).

Os objectivos de uma abordagem do sistema de inovação são a difusão de conhecimentos/ideias/competências, uma maior eficiência ou eficácia na geração, difusão e investimento em conhecimentos, apoiar os intervenientes na geração e desenvolvimento de novas ideias/inovação para obter benefícios, identificar os principais intervenientes, políticas, funções e compreender como as diferentes componentes interagem, identificar deficiências e pontos fortes, melhorar as ligações e prever onde são necessárias mudanças, provocar mudanças e melhorar o desempenho económico, aumentar o rendimento global por agregado familiar ou por família (sector) e aumentar o rendimento per capita.

De acordo com a abordagem do sistema de inovação, a inovação é um processo interativo e não linear, no qual os actores interagem com uma multiplicidade de organizações. A reciprocidade (algo feito é feito mutuamente) e os mecanismos de feedback determinam o sucesso da inovação (Freeman, 1987, 1988; Lundvall, 1992; Nelson, 1993&1995; Edquist, 1997). Ao identificar as interações entre os actores e as instituições, a abordagem SI revela os actores e os mecanismos que conduzem a uma inovação bem sucedida, que não foram tocados pela abordagem das imperfeições do mercado, oferecendo assim um maior potencial para identificar para onde deve ir o apoio público (por exemplo, quais os actores a abordar), e é mais útil para os decisores políticos de um ponto de vista prático e específico (Edquist et al., 1998). Considerar as inovações dos agricultores como parte integrante do quadro do sistema de inovação ofereceria uma forma de identificar novos fundamentos para o trabalho de investigação e a intervenção governamental.

A inovação não ocorre de forma isolada. A interação entre actores como a investigação, as universidades, as empresas, os utilizadores finais e os intermediários é fundamental para o processo de inovação. Tanto a cooperação como a aprendizagem interactiva são o conceito central de interação (Lundvall, 1992). Mas a baixa aprendizagem interactiva dos actores e as imperfeições sistémicas podem atrasar o sistema de inovação como um todo. Vários autores (e.g. Carlsson e Jacobsson, 1997; Smith, 1997; Johnson e Gregersen, 1994; Edquist *et al.*, 1998; Malerba, 2002) prestaram atenção a estas imperfeições sistémicas, levando à seguinte lista de imperfeições do sistema, uma vez que as inovações externas não são implementadas de forma eficaz e eficiente.

1. As falhas infra-estruturais (Smith, 1999; Edquist *et al.*, 1998) referem-se a problemas na infraestrutura física de que os actores necessitam para funcionar (como TI, telecomunicações e estradas) e na infraestrutura científica e tecnológica.

2. As falhas de transição (Smith, 1999) dizem respeito à incapacidade das empresas para se adaptarem a novos desenvolvimentos tecnológicos.

3. As falhas de lock-in/dependência de trajetória (Smith, 1999) referem-se à incapacidade de sistemas (sociais) completos se adaptarem a novos paradigmas tecnológicos. NB: Edquist et al. (1998) abordam a mesma falha, mas não estabelecem uma distinção tão rigorosa entre falha de transição e falha de dependência.

4. As falhas institucionais graves envolvem falhas no quadro da regulamentação e do sistema jurídico geral (Smith, 1999). Estas instituições são especificamente criadas ou concebidas (Edquist et al., 1998), razão pela qual Johnson e Gregersen (1994) as designam por instituições formais.

5. O insucesso institucional ligeiro diz respeito a falhas nas instituições sociais, como a cultura política e os valores sociais (Smith, 1999; Carlsson e Jacobsson, 1997). Estas instituições evoluem espontaneamente (Edquist et al., 1998), razão pela qual Johnson e Gregersen (1994) as designam por instituições informais.

6. As fortes falhas de rede (Carlsson e Jacobsson, 1997) são a "cegueira" que se desenvolve quando os actores têm ligações estreitas e, consequentemente, perdem o contacto com novos desenvolvimentos externos.

7. As deficiências das redes fracas (Carlsson e Jacobsson, 1997) dizem respeito à falta de ligações entre os actores, o que resulta numa utilização insuficiente das complementaridades, da aprendizagem interactiva e da criação de novas ideias. Malerba (2002) refere-se ao mesmo fenómeno como falha das complementaridades dinâmicas.

8. Falha de capacidades: Smith (1999) e Malerba (2002) referem-se ao fenómeno de que as empresas, especialmente as pequenas empresas, podem não ter a capacidade de aprender rápida e eficazmente

e, por conseguinte, podem ficar presas às tecnologias existentes, não conseguindo assim passar para as novas tecnologias.

Para além das imperfeições do sistema acima referidas, a abordagem de cima para baixo que utilizamos frequentemente não explora o potencial dos agricultores para fornecer orientações práticas aos decisores políticos. Este estudo, portanto, tem como objetivo desenvolver uma categorização clara das inovações dos agricultores que possa servir de base para a conceção de políticas de inovação. Um melhor enquadramento político pode ser formulado através da discussão de exemplos das inovações dos agricultores que estão a ser praticadas atualmente.

Finalmente, o que é necessário para que um sistema de inovação tenha um desempenho eficaz? As questões mais importantes para que um sistema de inovação funcione eficazmente são as fortes ligações entre os actores essenciais, os recursos, a capacidade humana e o investimento (financiamento), o ambiente propício, a política, a confiança, a vontade de colaborar, a facilitação do processo de aprendizagem e um objetivo ou metas claros ou papéis/funções dos diferentes actores (Hauknes e Nordgren, 1999).

CAPÍTULO 3: METODOLOGIA DE INVESTIGAÇÃO

3.1. Descrição dos distritos de estudo

O inquérito foi realizado em três distritos (Adea, Gimbichu e Moretna-Jirru) da Etiópia. Moretna-Jirru (9° 49'N - 10° 05'N & 38° 56'E - 39° 19'E) está localizado na Zona Norte de Shewa da Região Administrativa de Amahara, e Gimbichu (8° 48'N - 9° 09'N & 38° 58'E - 39° 21'E) e Adea (8° 33'N - 8° 56'N & 38° 48'E - 39° 11'E) estão localizadas na zona oriental de Shewa da região administrativa de Oromia.

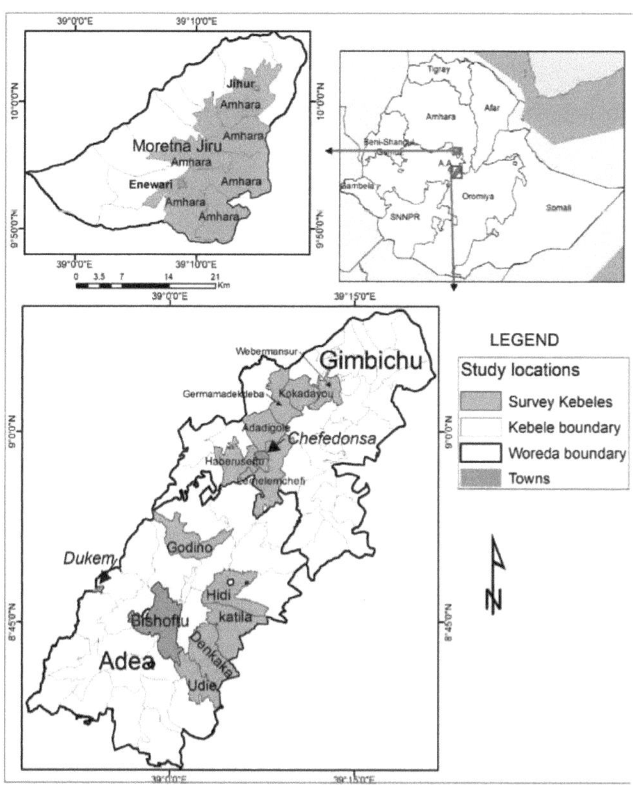

Figura 1. Mapa dos três distritos de estudo

Os distritos selecionados têm um potencial relativamente elevado para a produção de cereais. O trigo e o tef são as principais culturas, ocupando em conjunto 75% da área total de cultivo, enquanto que individualmente o trigo cobre 44% e o tef 31%. (CSA, 2016). Praticamente, quase todas as terras cultiváveis foram cultivadas, e a maioria dos agricultores usa tecnologias melhoradas e suas inovações na tentativa de mitigar o problema da escassez de terra.

3.2. Recolha de dados

Para a recolha de dados, ***recorreu-se*** à avaliação rural rápida (RRA), a entrevistas semi-estruturadas, a discussões em grupo e a workshops. Amostras aleatórias estratificadas de 190 agricultores foram entrevistadas nas suas explorações pelos agentes de desenvolvimento que trabalham nos respectivos distritos. Foram realizados dois workshops sobre as inovações dos agricultores para que os principais actores fizessem parte do estudo, para comunicar os resultados às partes interessadas e obter feedbacks.

A investigação foi efectuada em quatro etapas. *Numa fase preliminar,* foram utilizados métodos de avaliação rural rápida (RRA) para obter uma melhor compreensão das inovações dos agricultores, e como os agricultores constroem e utilizam as suas inovações. Em seguida, foram elaborados guiões de entrevistas semi-estruturadas e os agentes de extensão receberam formação para entrevistar os agricultores de uma forma uniforme. O questionário foi pré-testado com 15 amostras aleatórias de agricultores dos três distritos.

Na fase principal, amostras aleatórias estratificadas de 190 agricultores foram entrevistadas nas suas explorações pelos agentes de desenvolvimento que trabalham nos respectivos distritos.

Na fase de aprofundamento, as principais questões sobre as inovações dos agricultores foram discutidas com seis grupos compostos por agricultores, agentes de extensão, investigadores e líderes do Gabinete de Agricultura e Desenvolvimento Rural dos distritos. Cada grupo era composto por cinco agricultores selecionados com a ajuda de agentes de desenvolvimento. A discussão em grupo permitiu "dar sentido" aos dados e, em muitos casos, também clarificar o processo de pensamento dos agricultores. Durante esta fase, os agricultores também discutiram práticas de inovação relacionadas que não foram abordadas nos questionários.

Para efeitos de investigação, as folhas, flores e frutos das plantas utilizadas pelos agricultores como pesticidas botânicos foram recolhidos e enviados para o Herbário Nacional da Universidade de Adis Abeba para identificação.

Como *seguimento,* foram realizados dois seminários com as partes interessadas sobre as inovações dos agricultores, a fim de tornar os principais actores parte integrante do estudo e de comunicar os resultados às partes interessadas e obter feedback sobre os mesmos.

Figura 2. Vista parcial dos participantes no workshop das partes interessadas para discutir as inovações dos agricultores

3.3. Análise de dados

Após a recolha de dados, estes foram codificados e introduzidos no pacote de software SPSS Versão 16.5 para análise. Os dados relativos às diferentes variáveis foram inicialmente analisados utilizando estatísticas descritivas, tais como percentagens, médias, frequências e desvios-padrão.

CAPÍTULO 4: RESULTADOS E DISCUSSÃO

4.1. Introdução

Esta secção relata os principais resultados do inquérito e das discussões em grupo, as questões discutidas nos workshops dos intervenientes e as várias observações obtidas nas visitas de campo feitas aos distritos em estudo em diferentes alturas. Por conseguinte, a secção apresenta as principais conclusões do estudo.

4.2. Caraterísticas demográficas das famílias rurais

Antes de discutir as principais conclusões do estudo, é necessário destacar como a inovação pode ser adoptada com sucesso para o desenvolvimento rural. De acordo com Rogers (1995), é mais provável que uma inovação seja adoptada se reunir cinco caraterísticas, nomeadamente: ser observável, vantajosa, compatível, simples e reversível ou verificável.

Em segundo lugar, é necessário conhecer as caraterísticas típicas (problemas prementes, lacunas entre o real e o desejado, acesso a recursos, educação formal, estatuto económico e a sua ligação a uma variedade de meios de comunicação) dos agricultores-inovadores que inovam mais rapidamente.

Com base nas questões teóricas e práticas básicas associadas à inovação acima descritas, as caraterísticas demográficas e físicas dos agricultores-inovadores da amostra estudada foram apresentadas resumidamente da seguinte forma.

4.2.1 Idade dos chefes de família

Esta variável mede a idade do chefe do agregado familiar em anos. A hipótese é que a idade do chefe do agregado familiar pode estar positiva ou negativamente relacionada com as inovações. Os resultados do estudo revelaram que 20,5% dos agricultores têm mais de 50 anos. A idade média dos chefes nos três distritos foi de 44,6 anos, e os três distritos não mostraram diferenças significativas na idade média do agregado familiar, e todas as outras caraterísticas da estrutura etária do agregado familiar foram consideradas (Tabela 1). Contudo, Ada e Gimbichu parecem ter um tamanho de agregado familiar ligeiramente mais elevado (7,8-8,2 pessoas) do que Moretna-Jirru (7,0 pessoas).

4.2.2 Experiência agrícola

A experiência agrícola dos chefes de família pode afetar a sua confiança. Com mais experiência agrícola, os agricultores podem evitar riscos adoptando soluções alternativas; assim, esta variável pode afetar positiva ou negativamente a adoção de inovações. Como mostra a Tabela 4.1, a média geral de anos de experiência agrícola para os três distritos foi de 21,3 anos, e não houve diferenças significativas nos anos de experiência agrícola entre os três distritos.

4.2.3 Tamanho da família

A disponibilidade de mão de obra agrícola depende da dimensão do agregado familiar. Os agregados familiares grandes podem ser capazes de fornecer a mão de obra necessária para a plantação, a monda, a colheita e a debulha, ao passo que os agregados familiares pequenos podem deparar-se com falta de mão de obra durante os períodos de pico. Com base no estudo, a dimensão dos agregados familiares difere em função da dimensão das explorações agrícolas. A dimensão dos agregados familiares de todos os agricultores-inovadores variava entre 2 e 20 pessoas. Uma média de 7,6 pessoas vive permanentemente num agregado familiar (Quadro 1).

Quadro 1. Estrutura etária e tamanho da família das famílias agrícolas inquiridas nos três distritos

Descrição	Moretna-Jirru (n = 65)		Ada (n = 65)		Gimbichu (n =60)		Total (n =190)	
	Média	SD	Média	SD	Média	SD	Média	SD
Idade do chefe do agregado, anos	43.5	8.5	44.8	9.1	45.4	8.6	44.6	8.7
Experiência agrícola, anos	19.1	9.3	21.1	10.3	23.8	9.6	21.3	9.8
Dimensão do agregado familiar (pessoas)	7.0	2.1	8.2	2.9	7.8	3.0	7.6	2.7
Adultos entre 15-60 anos	2.1	1.0	2.3	1.4	2.1	1.3	2.2	1.3
Crianças com menos de 15 anos	3.1	1.3	3.1	1.4	3.3	1.5	3.2	1.4

4.2.4 Nível de educação

Esta variável representa o nível de escolaridade formal concluído pelo chefe do agregado familiar. Presume-se que o nível de educação do chefe do agregado familiar aumenta a capacidade dos agricultores para adoptarem inovações e utilizarem informações relevantes para a produtividade e eficiência das explorações agrícolas. Espera-se, portanto, que a educação aumente a adoção de inovações pelos agricultores da amostra.

Relativamente ao nível de escolaridade, 8,4% dos agricultores da amostra eram analfabetos e 91,6% eram alfabetizados, sendo que destes últimos 24,2% sabem ler e escrever depois de participarem numa campanha de alfabetização, e 29,5% e 34,2% atingiram o primeiro e o último ano do ensino secundário, respetivamente (Quadro 2).

Tabela 2. Nível de escolaridade dos chefes de família nos distritos de estudo inquiridos durante o ano agrícola de 2010/2011

	Moretna-Jirru		Ada		Gimbichu		Total	
Nível de educação	N	%	N	%	N	%	N	%
Analfabeto	6	4.2	2	3.1	8	13.3	16	8.4
Ler e escrever	14	21.5	17	26.2	15	25.0	46	24.2
Elementar (1-6)	13	20.0	22	33.8	21	35.0	56	29.5

Secundário (7-12)	28	43.1	23	35.4	14	23.3	65	34.2
Acima de 12	4	6.2	1	1.5	2	3.3	7	3.7
Total	65	100	65	100	60	100	190	100

4.3 Caraterísticas físicas das famílias rurais

4.3.1 *Propriedade fundiária*

Esta variável mede a área de terra cultivada com culturas pelo inquirido no momento do inquérito. O aumento da produção e da produtividade das culturas depende da área de terra afetada a cada cultura. Espera-se que os agricultores do estudo afectem a terra de forma eficiente porque a terra é um recurso escasso e limitado. Portanto, a hipótese é que o tamanho da terra influencie positiva ou negativamente a adoção de inovações pelos agricultores da amostra.

As explorações agrícolas nos distritos em estudo são pequenas, principalmente devido à elevada densidade populacional. A dimensão média das explorações agrícolas por agregado familiar é de 3,74 hectares para os três distritos, variando de 2,77 hectares para Moretna-Jirru a 4,88 hectares para Gimbichu, enquanto que a dimensão média das terras para Ada é intermédia (3,66 hectares) entre os dois. Os agricultores afectam uma área muito limitada para pastagem e pousio; a área média de pastagem era de 0,42 ha, enquanto o pousio nos últimos anos se tornou praticamente inexistente devido à escassez de terra.

Basicamente, os agricultores cultivam várias culturas para satisfazer as necessidades alimentares e monetárias da família. Os cereais, particularmente o trigo e o tef, predominam nos três distritos, principalmente devido à elevada proporção de ambientes de terras altas favoráveis para a produção destas culturas. A produção de grão-de-bico, lentilha e ervilha segue o trigo e o tef em termos de importância (Quadro 3). Outras culturas, como a fava, o milho, a ervilha forrageira, a linhaça e o feno-grego, são cultivadas em menor escala.

O inquérito revelou que existem variações na distribuição das culturas entre os distritos. O trigo é a cultura dominante, extensivamente cultivada nos distritos de Moretna-Jirru (1,09 ha) e Gimbichu (1,70 ha), enquanto o tef domina no distrito de Ada (2,08 ha). Exceto no distrito de Ada, os agricultores também reportaram que o trigo é a cultura mais importante para satisfazer tanto as necessidades de dinheiro como de comida da família. Este facto é também evidente pela grande proporção da área de terra cultivada atribuída ao trigo.

Tabela 3. Propriedade média do agregado familiar nos três distritos de estudo inquiridos durante o ano agrícola de 2010/2011

Descrição	Moretna-Jirru		Ada		Gimbicu		Total	
	N	Média	N	Média	N	Mea n	N	Média
Dimensão da exploração, ha	65	2.77	65	3.66	60	4.88	190	3.74
Área cultivada, ha	65	2.68	65	3.59	60	4.33	190	3.51
Superfície de trigo, ha	63	1.09	62	0.84	60	1.70	185	1.20
Área Tef*, ha	65	0.75	65	2.08	60	0.81	190	1.22
Superfície de grão-de-bico, ha	16	0.32	29	0.82	57	0.73	102	0.69
Área de lentilhas, ha	58	0.63	28	0.38	54	0.86	140	0.67
Superfície de outras culturas, ha	36	0.42	35	0.35	51	0.42	122	0.40
Área de pastagem, ha	33	0.18	20	0.23	40	0.64	93	0.42

** Grãos de pequenas sementes originários da Etiópia*

Para aliviar a escassez de terras, os agricultores arrendaram terras para a produção de culturas através de um acordo contratual por 2-3 anos, e a taxa de aluguer depende da fertilidade do solo. Os acordos de partilha de culturas também são comuns nos distritos estudados. Após rigorosas discussões em grupo, as principais culturas cultivadas nos três distritos foram identificadas e classificadas com base na consideração ponderada da cobertura da área, produção total, produtividade e importância económica, incluindo a contribuição para a segurança alimentar das famílias. Consequentemente, as principais culturas foram listadas por ordem da sua importância, conforme indicado no Quadro 4.

Tabela 4. Culturas dominantes cultivadas nos distritos conforme classificadas pelos agricultores durante as discussões dos grupos focais

Não	Moretna-Jirru	Ada	Gimbichu
1	Trigo	Tef	Trigo
2	Tef	Trigo	Tef
3	Lentilha	Grão-de-bico	Lentilha
4	Grão-de-bico	Lentilha	Grão-de-bico
5	Ervilha	Ervilha forrageira	Ervilha

Para a produção destas culturas, os agricultores utilizam tanto inovações locais como inovações introduzidas. As tecnologias introduzidas são limitadas e incluem, entre outras, variedades, tecnologias de gestão das culturas, como fertilizantes e métodos de gestão de doenças. A deterioração do desempenho das variedades melhoradas foi mencionada como um desafio premente. Os fornecimentos de sementes melhoradas para todas as culturas são inadequados e as sementes não são fiéis ao tipo. Todas elas consistem em misturas e estão contaminadas por sementes e partículas de ervas daninhas e de outras culturas. Os agricultores sugeriram que esta é a área onde os centros de investigação e as empresas de sementes devem ter o máximo cuidado para fornecer sementes puras aos agricultores. Os agricultores também sugeriram que uma variedade melhorada deveria ser renovada ou substituída por uma nova depois de usada por 4-5 ciclos.

4.3.2 *Alterações na dimensão da exploração*

O elevado nível de pressão populacional nos distritos em estudo resultou em mudanças periódicas na dimensão das explorações agrícolas. Durante os últimos três anos, em média, foram formados 4.450 novos agregados familiares por ano nos distritos em estudo. Assim, as associações de camponeses (AP) efectuaram ajustamentos periódicos das explorações em resposta à procura de terras pelas famílias recém-formadas.

No passado, havia muitas opções para fornecer terra às famílias recém-formadas. Uma opção era fornecê-las a partir das terras de pastagem comunitárias ou das terras reservadas. Outra consistia em cultivar novas terras. Uma terceira opção consistia em retirar uma parte da terra de um agricultor existente e atribuí-la a novos agricultores. Todas estas opções foram utilizadas na redistribuição de terras, mas a primeira e a segunda opções estão agora esgotadas e, atualmente, a única opção possível é a terceira.

No que diz respeito às alterações na dimensão das explorações agrícolas, nos últimos três anos (2008-2010), cerca de 23,7% e 12,6% dos agricultores declararam que a dimensão das suas explorações agrícolas aumentou (ganharam alguma terra) e diminuiu (perderam alguma terra), respetivamente, enquanto 63,7% dos inquiridos indicaram que não houve alterações na dimensão das suas explorações agrícolas (Quadro 5).

Tabela 5. A situação da dimensão das terras agrícolas dos agregados familiares nos últimos três anos (2008-2010) nos três distritos em estudo

	Moretna-Jirru		Ada		Gimbichu		Total	
Tipos de mudança	N	%	N		N	%	N	%
Aumento	16	24.6	22	33.8	7	11.7	45	23.7
Diminuído	4	6.2	10	15.4	10	16.7	24	12.6
Sem alterações	45	69.2	33	50.8	43	71.7	121	63.7
Total	65	100	65	100	60	100	190	100

4.3.3 *Tipos de solo das terras agrícolas pertencentes aos agregados familiares*

O tipo de solo influencia fortemente as decisões de produção de uma família agrícola. É um fator técnico importante para determinar a espécie ou variedade de cultura que o agricultor planta. Para dar uma visão geral dos diferentes solos nos distritos estudados, foi pedido aos agricultores que dessem a sua opinião sobre os tipos de solos nas suas explorações.

Tradicionalmente, os agricultores da área de estudo classificam o solo em três grupos principais (Quadro 6). O tipo de solo dominante é o solo argiloso negro pesado, localmente designado por solo *Merere (Vertisols),* seguido do solo argiloso negro ligeiro, conhecido por *Bushola,* e do solo *Areda*. Segundo a perceção dos agricultores, o tipo de solo *Merere* é o mais produtivo, no qual todas as culturas podem ser cultivadas. A maioria dos agricultores (80%) na Etiópia produz cereais no solo Merere. A maioria dos agricultores nos distritos estudados tem um campo de solo *Merere* (Quadro 6).

Tabela 6. Tipos de solo e suas caraterísticas segundo a perceção dos agricultores selecionados nos três distritos, ano agrícola 2010/2011

Não	Tipos de solos	Caraterísticas
1	*Meros*	Cultiva todos os tipos de culturas, mas prefere as culturas cerealíferas
		Mais produtivo, exceto no que se refere ao problema do encharcamento
2	*Bushola*	Cultiva todos os tipos de culturas, exceto grão-de-bico e lentilhas
		Solo leve
		Problema de entupimento de água
3	*Areda*	Encontrado na zona da herdade
		Cultivo de todos os tipos de culturas, exceto trigo e tef
		Problema com ervas daninhas

4.3.4 *Produção animal*

Muitos dos agricultores têm um pequeno número de animais, como bois, burros e vacas. A maior parte dos agricultores tem aves de capoeira, geralmente aves de capoeira, alimentadas apenas com gorgulho ou resíduos de trigo provenientes da transformação do trigo (palha de trigo). Algumas explorações mantêm algumas ovelhas, que são amarradas (tratadas, em princípio, por crianças) em resíduos de culturas e pequenas pastagens. Os agricultores criam ovelhas, principalmente para venda e consumo doméstico durante as férias e outras cerimónias. Durante as discussões em grupo, os agricultores sublinharam que, tradicionalmente, a produção animal constitui uma importante fonte de rendimento familiar nos seus distritos. Além disso, o consumo doméstico e as celebrações especiais são outras razões para a criação de pequenos animais.

Os resíduos de culturas resultantes do cultivo de cereais e leguminosas são importantes fontes de alimentação. Os agricultores indicaram que os resíduos das culturas representam até 90% da alimentação do gado, uma vez que são responsáveis pela maior parte do fornecimento de alimentos durante a longa estação seca. A qualidade e a quantidade de alimentos são grandes desafios que os agricultores enfrentam na criação de animais.

A contribuição dos resíduos de culturas cerealíferas para a alimentação do gado é muito elevada em comparação com os resíduos de leguminosas, porque os agricultores afectam uma área limitada às culturas de leguminosas. Mas os resíduos de leguminosas têm um elevado teor de proteínas brutas, melhorando a qualidade nutricional do resíduo global como alimento. A venda de resíduos de culturas na área também é comum. Além disso, os agricultores que não têm gado dão os resíduos das colheitas a outros agricultores gratuitamente para que possam pedir emprestado bois para a lavoura.

Os outros problemas que os agricultores mencionaram na produção pecuária são a falta de raças melhoradas e de forragem, e a prevalência de doenças.

Muitos agricultores já não se podem dar ao luxo de manter vacas, pois são obrigados a alimentar todos os animais com forragem, em vez de os deixar pastar como antes. Apenas 25% dos agregados familiares têm uma vaca por família. Os agricultores acreditam que a criação de gado estabulado envolve vacas melhoradas que custam mais para comprar e precisam de estábulos confortáveis, cuidados de saúde e fornecimento controlado de alimentos dietéticos necessários. A produção de forragem para o gado nas terras escassas pode comprometer a produção de géneros alimentícios para os seres humanos.

4.3.5 *Os principais problemas que desencadeiam as inovações*

Tanto o conhecimento científico como a inovação técnica desempenharam um papel fundamental no desencadear do que é frequentemente designado por "grande transformação". A razão mais importante pela qual a prosperidade se espalhou e continua a espalhar-se é a transmissão de tecnologias e das ideias que lhes estão subjacentes. Mais importante ainda do que dispor de recursos específicos no solo, como o carvão, foi a capacidade de utilizar ideias modernas, baseadas na ciência, para organizar a produção (Sachs, 2005).

A questão sobre o que leva os agricultores a inovar foi incluída no inquérito por questionário e foi também discutida com os agricultores durante as discussões dos grupos focais. Os agricultores relataram que as necessidades/necessidades são a principal razão para inovar: estas podem ser problemas naturais e/ou causados pelo homem. As principais razões que os agricultores consideram ser as que os levam a inovar e/ou a adotar inovações estão resumidas no Quadro 7. De acordo com as opiniões dos agricultores, os principais factores que os levam a inovar e/ou a utilizar novas inovações foram a diminuição do problema de alagamento (98%), a escassez de terras cultivadas (97%), a escalada do preço dos factores de produção (83%) e o declínio da produtividade das terras (76%).

Quadro 7. Principais problemas enfrentados pelos agricultores-inovadores, segundo a classificação dos próprios agricultores

Descrição	Moretna-Jirru		Ada		Gimbichu		Total	
	N	%	N	%	N	%	N	%
Problema de entupimento de água	65	100	61	93.8	60	100	186	97.9
Escassez de terras cultivadas	61	93.8	64	98.5	59	96.3	184	96.8
Escalada do preço dos factores de produção	49	75.4	52	80.0	56	93.3	157	82.6
Diminuição da produtividade das terras	47	72.3	49	75.4	49	81.7	145	76.3
Aumento do tamanho da família	32	49.2	58	89.2	42	70.0	132	66.5
Desejo de obter mais rendimentos	51	78.5	37	56.9	36	60.0	124	65.3
Problema de erosão	42	64.6	31	47.7	44	73.3	117	61.6
Necessidades de tecnologias	32	49.2	52	80.0	32	53.3	116	61.1
Escassez de alimentos para animais	32	49.2	36	55.4	40	66.7	108	56.8
Disponibilidade de tecnologias	16	24.6	37	56.9	29	48.3	82	43.2
Alteração do clima	12	18.5	20	30.8	38	63.3	70	36.8
Total	65	100	65	100	60	100	190	100

O total das percentagens excede 100, indicando que os inquiridos deram respostas múltiplas

4.3.6 *Reconhecimento das inovações dos agricultores*

A Etiópia rural é imensamente diversificada, especialmente em termos de inovações dos agricultores, recursos naturais, práticas agrícolas e sistemas de subsistência. De um modo geral, existem diferenças geográficas e agrícolas, mas há semelhanças e os camponeses de todo o país têm muitas coisas em comum. Por exemplo, as zonas montanhosas da Etiópia são cultivadas ininterruptamente há mais de mil anos e, durante esse mesmo período, têm sido a única fonte de subsistência de uma população em constante crescimento. É um tributo à agronomia camponesa e às técnicas tradicionais de gestão dos solos e de proteção do ambiente que as grandes porções das mesmas terras cultivadas ao longo dos anos ainda hoje tenham um bom potencial agrícola. [th]Há um outro aspeto igualmente importante que importa recordar: longe de ser primitiva, a agricultura camponesa tinha, de facto, atingido um nível de desenvolvimento comparável, em muitos aspectos, ao da agricultura europeia nas vésperas da chamada revolução agrícola do século XIX.

As técnicas agrícolas camponesas reflectem um conhecimento considerável da gestão do solo, sendo a lavoura de contorno e a lavoura para controlar o escoamento, a cobertura morta, o racionamento, as faixas de solo e os terraços amplamente praticados em muitas partes do país. A fertilidade do solo e a gestão da água são mantidas através de sistemas complexos de rotação de culturas e de drenagem (tais como a utilização de leito largo e sulco, cumeeira aberta e sulco).

Outro fator é a estagnação contínua da tecnologia agrícola. Com exceção das sementes e dos fertilizantes melhorados, os instrumentos agrícolas e os sistemas de gestão das terras mantiveram-se praticamente inalterados ao longo do século. De facto, há indícios que sugerem que os sistemas autóctones de gestão das terras e da pecuária podem ter diminuído devido ao aumento da insegurança fundiária provocada pelas reformas rurais radicais desde a década de 1970 (Dessalegn, 2009). Apesar disso, os agricultores da Etiópia têm vindo a inovar dentro da sua base de conhecimentos existente, que abrange uma vasta gama de programas, incluindo inovações na gestão dos recursos naturais e na produção vegetal e animal, que constituem o foco deste estudo.

Neste estudo, as inovações mais importantes dos agricultores na gestão dos recursos naturais, da produção vegetal e da produção animal são examinadas de perto. Assim, as inovações mais importantes dos agricultores na gestão dos recursos naturais, da produção vegetal e da produção animal foram classificadas (Quadro 8).

Tabela 8. Inovações dos agricultores utilizadas na gestão dos recursos naturais e na produção vegetal e animal, segundo a classificação dos agricultores

Tipos de inovações	Moretna-Jirru		Ada		Gimbicu		Total	
	N	%	N	%	N	%	N	%
1. Produção vegetal								
BBF/ponte para escoar o excesso de água	65	100	57	87.7	60	100	182	95.8
Seleção e conservação de sementes	56	86.2	55	84.6	43	71.7	154	81.1
Produtividade das culturas	54	83.1	47	72.3	57	95.0	158	83.2
Colheita de culturas	46	70.8	34	52.3	40	66.7	120	63.2
Aceleração da germinação das culturas	16	24.6	21	32.3	27	45.0	64	33.7
Doenças e controlo de pragas	27	41.5	30	46.2	21	35.0	78	41.1
Controlo das pragas de armazenagem.	55	84.6	48	73.8	52	86.7	155	81.6
2. Produção animal								
Melhorar as raças de gado	49	96.1	62	95.4	41	87.2	152	93.3
Controlo das doenças e das pragas	42	82.4	51	78.5	37	78.7	130	68.4
Alimentos para animais e forragens	34	66.7	41	63.1	42	89.4	117	71.8
3. Recursos naturais								
Controlo da erosão	58	89.2	61	96.8	56	93.3	175	92.1
Estabilização de ravinas	44	67.7	54	83.1	45	75.0	143	75.3

Acumulação de recursos hídricos	27	52.9	24	38.1	17	34.7	68	41.7
Gestão da horta	26	51.0	50	76.9	25	41.7	101	53.2
Manutenção da fertilidade do solo	60	92.3	61	93.9	56	93.3	177	93.2

O total das percentagens excede 100, indicando que os inquiridos deram respostas múltiplas

Como mostra o Quadro 8, mais de 96% dos entrevistados afirmaram que "Cama Larga e Sulco" (Fig. 3) e "Cumeeira Aberta e Sulco" (Fig. 4) são inovações importantes dos agricultores que estão a ser praticadas para produzir culturas em Vertisols que constituem o tipo de solo dominante nos três distritos. Os agricultores possuem conhecimentos indígenas consideráveis sobre a gestão dos solos e a manutenção ou melhoramento das raças de gado locais. Em particular, a inovação dos agricultores sobre a drenagem da água das suas explorações agrícolas é superior à recomendada pelos esforços de investigação.

4.4 As inovações mais evidentes dos agricultores identificadas

4.4.1 *Camalhões e sulcos e cumeeiras abertas*

Durante os últimos milhares de anos, os agricultores da Etiópia produziram a maior parte dos seus alimentos utilizando os seus próprios conhecimentos e inovações. As inovações mais comuns dos agricultores, mantidas ao longo de gerações, são a "*Broadbed and Furrow*" e a "*Open Ridge and Furrow*", utilizadas nos três distritos estudados. Durante anos, os agricultores conseguiram drenar o excesso de água dos Vertisols (solo negro e argiloso) para aumentar o rendimento por unidade de área.

Perguntou-se aos agricultores se poderiam substituir as tecnologias "Cama Larga e Sulco" ou "Cumeeira Aberta e Sulco" por outras novas. Depois de alguns minutos de reflexão, os agricultores disseram que vários estudos foram efectuados por investigadores, mas os resultados encontrados eram inconsistentes e impraticáveis para substituir as práticas tradicionais nos distritos estudados, devido à lama espessa e esponjosa que impedia qualquer movimento durante as estações das chuvas. A técnica de "cumeeira e sulco aberto", conhecida como "Shurbie", tem o nome do cabelo entrançado tradicional das mulheres rurais da localidade devido à sua semelhança na forma. A técnica melhorou a segurança alimentar das famílias (maior produtividade da terra) e atenuou o risco agrícola para muitas famílias empobrecidas da Etiópia.

(a) (b)

Figura 3. Trigo cultivado em "cama larga e sulco" no distrito de Moretna-Jirru, acabado de fazer (a) e após 12 dias de crescimento (b)

(a) (b)

Figura 4. Arco e sulco aberto (Shurbie) no distrito de Gimbichu, acabado de fazer (a) e lentilha cultivada após 15 dias (b)

O sistema de cama larga e sulco e o sistema de camalhões e sulcos abertos são praticados há gerações e ainda hoje têm um bom potencial agrícola para drenar o excesso de água e manter a fertilidade do solo. Existem provas consideráveis de que o desenho das parcelas de investigação, conhecido como "cama larga e sulco" (BBF) e feito por uma máquina especial de fazer camas largas puxada por bois (BBM), é retirado dos conhecimentos dos agricultores sobre a gestão do solo, apesar de o campesinato, segundo se afirma, estar fortemente ligado às suas práticas tradicionais (Fig. 5).

(a) (b)

(c) (d)

Figura 5. Cama larga e sulco praticados na estação de investigação agrícola de Chefe Donsa (a) experiência de trigo na fase inicial, e (b) na fase de colheita, (c) grão-de-bico na fase de enchimento de grãos (d) lentilha na fase de maturação.

4.4.2 *Utilização de ervas tradicionais*

A maioria dos agricultores marginais (85%) não pode comprar pesticidas. Também os pequenos agricultores comerciais referiram que os pesticidas são caros. Queixam-se de que, mesmo quando querem comprar pesticidas, estes não estão disponíveis e, quando estão disponíveis, são demasiado velhos e ineficazes. As conclusões de Bekele *et al.* (1996), segundo as quais os custos elevados e o fornecimento irregular de pesticidas químicos estimularam um interesse renovado pelos agentes tradicionais de controlo de pragas, continuam a ser válidas.

As ervas tradicionais comuns que os agricultores identificaram para controlar as carraças, os gorgulhos e as doenças foram *o Haxixe (Tagetes minuta\ Mitmita (Capsicum frutescens), Berberi (Capsicum sp.*), *Bisana* (*Croton macrostachis*), *Netch Bahrzaf* (*Eucalyptus globules*), *Trueman tree* (*Schinus molle*),

Endod (Phytolacca dodecandra\ Chochobe (Cyphostemma cyphobetalum), Dendane (Cissus quadrangularis), Kinchib (Euphorbia tirucalli) e *Dgita (Calpurnia aurea)*

Perguntou-se aos agricultores porque é que as plantas que utilizam como protectores são eficazes, de acordo com as suas convicções. 75% dos agricultores dos distritos estudados indicaram que as plantas cheiram mal quando apodrecem e que isso afasta o inseto. *A Mitmita (Capsicum frutescens)* e *o Berberi (Capsicum sp.)* são demasiado quentes para o inseto comer. *O haxixe* (*Tagetes minuta*), que é popular nos distritos estudados como repelente, também é usado noutros países africanos (Malaya e Banda, 1995). As crenças menos comuns eram que as plantas protectoras arrefecem os cereais armazenados e que "colam aos insectos". O que os agricultores observaram e a eficácia das plantas identificadas têm de ser demonstrados e provados experimentalmente.

4.4.3 Inovação dos agricultores para conservar as espécies vegetais locais

Os investigadores e os decisores políticos da Etiópia exortam os agricultores a seguir uma política orientada para o mercado, a fim de aumentar a produção agrícola por unidade de superfície. Mas os agricultores queixam-se de que esta abordagem reduz o número de culturas no país, conduzindo assim à perda de biodiversidade. Os agricultores não concordam com esta abordagem porque reduz os tipos de alimentos que chegam às suas mesas de jantar. Os investigadores, os agentes de extensão e os decisores políticos devem também concentrar-se em iniciativas não comerciais para conservar a agro-biodiversidade, a fim de manter a segurança alimentar da comunidade rural. Assim, a incorporação do conhecimento indígena nas estratégias de adaptação oferece algumas das melhores esperanças de preparação para a mudança. É hoje amplamente aceite que a manutenção da diversidade animal e vegetal é crucial para melhorar a produtividade e a segurança alimentar. As pessoas mais auto-suficientes e bem nutridas do mundo estão a construir o seu sistema agrícola em torno de uma base diversificada de espécies animais e vegetais locais. No entanto, à medida que as culturas tradicionais são substituídas por culturas de rendimento, muitos dos conhecimentos valiosos perdem-se e, atualmente, há uma escassez crítica de informação sobre as espécies locais e o seu papel na conservação dos recursos e na segurança alimentar. Para o efeito, a agricultura e a inovação do futuro dependem da capacidade dos agricultores de aproveitarem o poder da diversidade das culturas para resistirem às alterações climáticas e disporem de uma variedade de alimentos nas mesas de jantar.

4.4.4 Práticas seguras dos agricultores para controlar a multiplicação de ratos

A maioria dos agricultores da Etiópia considera os roedores como a praga número um, porque causam perdas económicas consideráveis nas culturas de base, em especial nos cereais, leguminosas e oleaginosas e tubérculos. De acordo com os relatórios dos agricultores, os danos nos campos e as perdas de milho foram estimados em cerca de 26%. Em anos com graves surtos de roedores, as perdas podem atingir 40% em algumas regiões. Apesar dos danos, os agricultores de muitas partes da Etiópia ainda não estão a utilizar rodenticidas para controlar os ratos, devido ao receio de efeitos nocivos para os animais domésticos e de estimação, como aves de capoeira, gatos e cães. Em vez de utilizarem rodenticidas, os agricultores recorrem a várias técnicas para controlar os danos causados pelas ratazanas nas culturas.

Controlo ecológico das ratazanas

Os agricultores da Etiópia consideram as ratazanas como pragas agrícolas importantes, porque são responsáveis por danificar as culturas cultivadas e armazenadas, danificar as mangueiras de irrigação e os frascos de plástico e propagar doenças às pessoas e ao gado. Consequentemente, os agricultores utilizam técnicas específicas e de controlo ecológico das ratazanas para minimizar os danos causados por elas nas culturas:

1) ***Criação de gatos específicos:*** A comunidade cria geralmente tipos específicos de gatos para controlar os ratos. Estes gatos específicos cegam os ratos, especialmente quando os ratos são em maior número do que os gatos. Ao cegarem os ratos, expõem-nos a diferentes aves que se alimentam de ratos. Os agricultores têm usado esta criação específica de gatos durante centenas de anos e têm formas engenhosas e seguras de controlar os danos causados pelos ratos nos campos e nas colheitas armazenadas. Um agricultor diz que o preço deste gato específico aumentou de 10 para 80 Birr.

2) ***Identificar a época e o local de reprodução:*** A comunidade agrícola sabe que a época de reprodução das ratazanas está sempre ligada à oferta de alimentos. A reprodução dos ratos atinge o seu pico quando as plantas começam a desenvolver sementes após a fase de arranque. O controlo ecológico dos ratos deve ser lançado antes e nesta altura crítica. Os agricultores afirmaram que a monda das culturas dificulta a construção de ninhos por parte dos ratos, e que a limpeza das bordaduras das culturas e a prática de uma boa higiene agrícola impedem a criação de ratos. Os agricultores explicaram ainda que as culturas não mondadas são susceptíveis de serem atacadas por roedores. Muitos agricultores (82%) acreditam que a época de reprodução dos ratos é proporcional ao número de colheitas. Por exemplo, se houver uma área com duas colheitas, haverá duas épocas de reprodução de ratos. Os agricultores sugeriram que o vácuo das colheitas (intervalo) é um momento eficaz para controlar os ratos se a principal época de colheita não for seguida de irrigação. Mas, até à data, não foi iniciada qualquer investigação relevante na Etiópia para provar a ideia dos agricultores.

3) ***Plantação de culturas/plantas preferidas pelas ratazanas nas fronteiras:*** Os agricultores sabem que as ratazanas parecem ter preferência por certas culturas, que diferem na dureza do grão. Normalmente, plantam culturas preferidas pelas ratazanas na orla da cultura principal. Este sistema funciona bem como isco para apanhar as ratazanas com armadilhas antes de estas invadirem as culturas principais. Os agricultores estão inclinados a plantar mais feno-grego, lentilhas e grão-de-bico na orla da cultura principal. Estas culturas foram consideradas por 77% dos agricultores como as mais susceptíveis aos ratos.

4) ***Deixar um espaço limpo entre as explorações e os armazéns de cereais:*** A limpeza dos espaços fronteiriços entre as explorações agrícolas e os armazéns de cereais é considerada boa para prevenir os ratos. Os agricultores mantêm o espaço entre as explorações e os armazéns de cereais livre de ervas e pedras para evitar danos causados por roedores. Manter limpos os espaços entre as explorações e os armazéns de cereais impede os movimentos dos ratos e expõe-nos aos inimigos naturais. Os agricultores que podem produzir maiores quantidades de sorgo num ano bom tendem a armazená-lo durante períodos mais longos em covas subterrâneas. Os agricultores que preferem as fossas, fazem-no principalmente por medo de roedores e de roubo. O medo de roedores e de roubos aumenta quando há um surto de roedores e a comida se torna escassa. Os agricultores também guardam os cereais em covas subterrâneas fechadas para que os outros não saibam a quantidade que armazenaram e para que as suas mulheres não vendam os cereais para comprar sal e óleo (que devem ser pagos com o rendimento em dinheiro), e assim conservar os cereais durante o máximo de tempo possível.

5) Ação comunitária: Muitos dos agricultores (90%) afirmaram que a ratazana pode ser controlada utilizando os conhecimentos indígenas, mas que a ação comunitária deve ser coordenada. Se a ação comunitária for implementada com sucesso, pode reduzir as grandes perdas causadas pelos ratos.

Globalmente, considerar a inovação dos agricultores pode, portanto, ser um instrumento poderoso para alimentar o crescimento económico na agricultura. A investigação que se dedica a estudar os métodos, observações e medições reais utilizados pelos agricultores constitui uma produção de conhecimentos para a comunidade científica e tecnológica. Os investigadores e os decisores políticos fariam bem em ter em conta essas provas no desenvolvimento de políticas relacionadas com a investigação. Sem ter em conta a inovação dos agricultores, a investigação nacional, por si só, não afecta o desenvolvimento económico. Trabalhando em conjunto, temos certamente muito a ganhar.

4.4.5 Inovação dos agricultores para armazenar cereais

A maior parte dos cereais, em África, é produzida por pequenos agricultores (Poswall e Akpa, 1991; Horton, 1990; Abraham Blum e Abate Bekele, 2002). A segurança alimentar destes agricultores, e especialmente nos países propensos à fome, depende do seu sucesso em cultivar e armazenar os alimentos básicos que produzem para as suas famílias, com uma perda mínima de quantidade, utilizando métodos eficazes que possam pagar. Os agricultores devem ser capazes de manter os produtos armazenados até à próxima colheita bem sucedida, que pode ser superior a um ano, em caso de quebra de colheita.

Com base nas entrevistas efectuadas, 75% dos agricultores nos distritos estudados armazenam o trigo e o tef nas goteras, uma espécie de grande cesto feito de tranças de madeira, coberto com uma mistura de palha de tef, lama e estrume de vaca. Estes materiais estão facilmente disponíveis nos distritos estudados e os agricultores sabem como construí-los. A mapira pode ser cultivada nas zonas baixas dos distritos estudados, quando as chuvas curtas entre fevereiro e abril são suficientes. O sorgo é normalmente armazenado durante mais de um ano, quer em *goteiras* quer em fossas subterrâneas. Ocasionalmente, os agricultores armazenam o sorgo em *goteras* misturado com tef, que é um pequeno grão e ajuda a tornar o conteúdo da *gotera* hermético e a mantê-lo fresco.

Os agricultores escolhem um local fresco, protegido do sol direto, para a localização das goteiras. Mantêm a área circundante sem ervas para evitar que os roedores danifiquem as ervas. Os agricultores que podem produzir grandes quantidades de sorgo num ano bom tendem a armazená-lo durante períodos mais longos em covas subterrâneas.

Os agricultores dos distritos estudados que preferem as fossas subterrâneas, fazem-no principalmente por medo de roubo. Este receio aumenta quando os alimentos se tornam escassos e quando os agricultores com reservas abundantes não querem que os outros saibam a quantidade que têm. Quase todos os agricultores (96%) também mencionaram que têm um melhor controlo sobre as quantidades de cereais usadas pelas suas esposas, porque só o marido pode cavar a fossa subterrânea, ele tem um melhor controlo sobre o uso de cereais do que com outras alternativas de armazenamento.

Quando os grãos são armazenados para as sementes, os agricultores, por vezes, borrifam urina ou sal sobre os grãos, como um meio de conservação. A urina é aplicada dois dias antes da colocação do grão em armazém, de modo a que possa secar entretanto. Quando se utiliza apenas a ripa, o grão pode ser armazenado diretamente depois de ser tratado.

4.4.6 Inovação dos agricultores para avaliar o estado dos cereais no campo

Os agricultores não dispõem de aparelhos para medir o teor de humidade do grão no campo. No entanto, os agricultores sabem, por experiência, qual é o momento ideal para a colheita, baseando-se principalmente na cor da semente, na dureza da semente quando é agarrada entre os dentes e rachada, e na coloração do caule logo abaixo da cabeça do grão.

Nos locais onde os macacos, símios e porcos-espinhos, nas zonas de planície, constituem um perigo, os agricultores tentam efetuar a colheita mais cedo. Caso contrário, tendem a esperar até mais tarde, quando o teor de humidade do grão é mais baixo.

4.5. Origem e expansão do sistema de camas e sulcos

Perguntou-se aos agricultores há quanto tempo é utilizado o método local de sulcos e camas, qual a sua origem e o grau de expansão para outros distritos. Os inquiridos confirmaram que o método tem sido praticado no distrito de Moretna-Jirru há muitas gerações. Atualmente, está a expandir-se para Dejen (com a ferramenta de fazer a cama larga, BBM), Siya Debrena Wayu, Ensaro, Menz, Basona Worena e Wore Ilu (Fig.6)

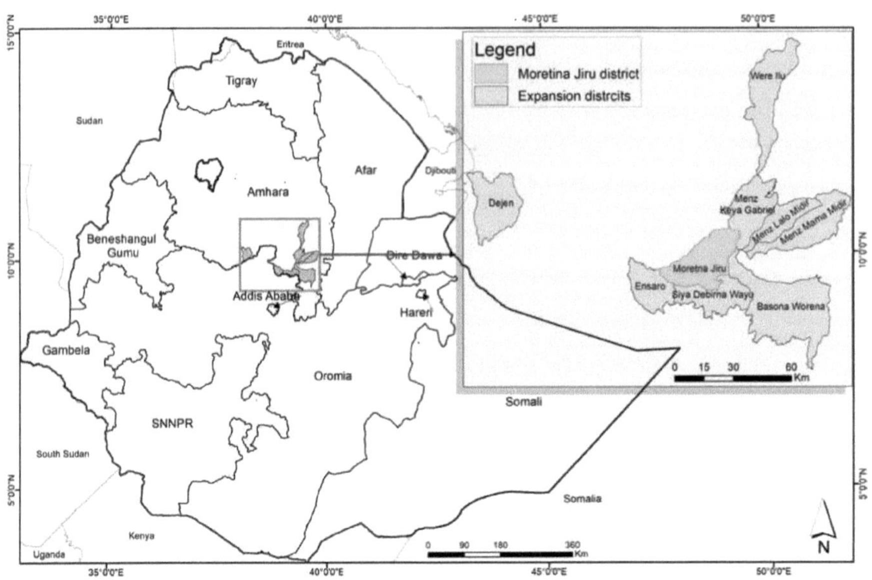

Figura 6. Origem e expansão do sistema de leito largo e sulco de Moretna-Jirru para outros distritos

4.6. Limitações das inovações dos agricultores

As inovações dos agricultores em matéria de gestão e conservação dos solos no distrito de Moretna-Jirru continuam a ser maravilhosas, apesar de os peritos afirmarem que o campesinato etíope está fortemente ligado aos seus métodos tradicionais, mesmo quando estes se revelam menos eficientes e menos produtivos. Sabe-se que os métodos agrícolas tradicionais se tornaram cada vez mais inadequados para garantir a segurança alimentar da crescente população rural. Por vezes, a mudança é intensa ou violentamente combatida e até considerada imoral. É, portanto, essencial obter dados fiáveis para analisar brevemente as condições da agricultura camponesa, a sua dinâmica inerente e o potencial que oferece ou não. De facto, este estudo tentou explorar algumas das principais limitações na transferência das inovações dos agricultores para áreas mais vastas do país. Algumas das limitações, conforme classificadas pelos agricultores, estão listadas na Tabela 9.

Quadro 9. Principais limitações/constrangimentos à transferência da inovação dos agricultores para zonas mais vastas do país

Limitações das inovações dos agricultores	Moretna-Jiirru		Ada		Gimbicu		Total	
	N	%	N	%	N	%	N	%
Não está distribuído uniformemente	55	84.6	48	73.8	54	90.0	157	82.6
Lento e não fácil de espalhar	39	60.0	58	89.2	55	91.7	152	80.0
Os investigadores não estão	40	61.5	55	84.6	56	93.3	151	79.5

totalmente integrados								
Falta de institucionalização	45	69.2	54	83.1	51	85.0	150	78.9
Os agricultores não querem partilhar	48	73.9	32	49.2	44	73.3	124	65.3
Precisa de ser aperfeiçoado	25	38.5	50	76.9	38	63.3	113	59.5
Nem sempre atraente para os outros	22	33.9	34	52.3	32	53.3	88	46.3

O total das percentagens excede 100, indicando que os inquiridos deram respostas múltiplas

4.7. Decisão dos agricultores de adotar inovações

O desenvolvimento baseado na investigação só trará segurança alimentar se estiver centrado nos agricultores, for respeitador do ambiente e participativo, e se reforçar a capacidade local e nacional de autossuficiência. Estas são as caraterísticas básicas do desenvolvimento sustentável.

O desenvolvimento agrícola centrado nos agricultores é um desenvolvimento que coloca os agricultores e as populações rurais pobres em primeiro lugar, que distribui equitativamente os benefícios do crescimento e que ataca a pobreza com oportunidades e educação. A cada passo, a lição que nos é dada é que o envolvimento ativo das populações rurais nas fases de definição, conceção e tomada de decisões do desenvolvimento agrícola não é opcional, mas sim essencial. Vemos este requisito em falta em muitas das abordagens de desenvolvimento rural que falharam porque adoptaram abordagens tradicionais do topo para a base e continuam a basear-se em especializações técnicas estreitas.

O desenvolvimento agrícola não resulta apenas da introdução de melhores variedades de culturas, de novas raças de gado, de mais crédito ou de cooperativas rurais, por muito importantes que sejam. Pelo contrário, é conseguido pelos agricultores que trabalham em cada sistema específico de agregados familiares. Deve basear-se nas tarefas, necessidades e aspirações dos próprios agricultores e nas dinâmicas e limitações que enfrentam não só na sua atividade agrícola, mas também nas suas actividades domésticas e não agrícolas. Deve ter em conta toda a sua situação de vida rural, incluindo factores reais fora do controlo do agregado familiar - a ecologia e os recursos naturais dos distritos, o ambiente sociocultural na comunidade e as políticas, preços, serviços e infra-estruturas que afectam as perspectivas rurais.

Quaisquer que sejam as inovações consideradas, a sua aceitabilidade e sustentabilidade dependerão da perceção e da capacidade dos agricultores. As questões cruciais, na perspetiva dos agricultores, são se as inovações são ou podem ser acessíveis e económicas, economicamente viáveis e tecnicamente simples, e adaptáveis às condições e cultura locais. Tudo o resto, incluindo as respostas dos decisores políticos e das organizações cooperantes, deve resultar das respostas a estas questões.

As inovações são aquelas que alteram a forma como os pequenos agricultores e outras populações rurais produzem, investem e comercializam os seus produtos; gerem os seus activos; organizam-se, comunicam e interagem com os seus parceiros; e influenciam as políticas e as instituições (FIDA, 2008). A literatura oferece uma variedade de definições de inovação. Isto sugere que não existe uma definição única e perfeita. Assim, cada organização precisa de uma definição que tenha o maior valor operacional na sua própria perspetiva. O que continua a ser apropriado é que a inovação é essencialmente um meio para atingir melhor os seus objectivos. Uma tecnologia, um produto, uma ideia ou uma abordagem não é necessariamente uma inovação, que é a definição com que os investigadores, os agentes de desenvolvimento e os agricultores são frequentemente confundidos.

Com esta realidade no terreno, perguntámos aos agricultores como avaliam as inovações provenientes quer da investigação quer das inovações locais.

Como se pode ver no Quadro 10, os parâmetros mais importantes que os agricultores utilizam para aceitar as inovações são a vantagem económica (97,9%), a viabilidade técnica (87,9%), a validade ambiental (84,7%), a capacidade de absorção (81,6%) e a aceitação social (58,4%). Os agricultores protegem as coisas que são úteis para a sua sobrevivência (terra e água), mas não se preocupam muito com as alterações ambientais. Os agricultores respeitam geralmente as políticas de proteção ambiental que lhes são propostas, ou que lhes são impostas, se existirem incentivos económicos que os encorajem a proteger os factores ambientais.

Quadro 10. Principais critérios de avaliação dos agricultores para aceitar ou rejeitar a inovação, de acordo com a classificação dos agricultores inquiridos nos três distritos

Descrição	Moretna-Jirru		Ada		Gimbicu		Total	
	N	%	N	%	N	%	N	%
Vantagem económica	65	100	61	93.8	60	100	186	97.9
Viabilidade técnica	63	96.9	52	80.0	52	86.7	167	87.9
Validade ambiental	55	84.6	47	72.3	59	98.3	161	84.7
Capacidade de absorção	45	69.2	64	98.5	46	76.7	155	81.6
Aceitação social	42	64.6	39	60.0	30	50.0	111	58.4
Total	65	100	65	100	60	100	190	100

O total das percentagens excede 100, indicando que os inquiridos deram respostas múltiplas

4.8. Respostas dos agricultores aos serviços de investigação e extensão

4.8.1 Produtos/serviços dos investigadores

A investigação sempre desempenhou um papel importante na compreensão e promoção da inovação. Os agricultores também são tão racionais como qualquer outro grupo da sociedade para desenvolver a inovação, e as suas escolhas de tecnologia e inovação reflectem um equilíbrio entre as suas prioridades individuais e familiares, a situação dos recursos, as oportunidades económicas e o nível de conhecimentos. Quaisquer ajustamentos das tecnologias/inovação em curso dependem dos resultados da investigação e da criatividade dos agricultores.

Os agricultores da Etiópia queixam-se frequentemente de não serem considerados como parte do processo de desenvolvimento da tecnologia e da inovação. A investigação também não tem origem nas necessidades e prioridades reais dos verdadeiros agricultores. Consequentemente, estes mostram-se muitas vezes relutantes em adotar inovações por receio dos riscos e da incerteza. Nesta conjuntura, é importante citar a imposição da aplicação da sementeira de cama larga (BBM) aos agricultores para que a utilizem no sistema agrícola. A recomendação geral da época de sementeira para diferentes pontos é outro exemplo que vai contra as necessidades e prioridades dos agricultores. O conflito de interesses entre os centros de investigação federais e regionais também confundiu os agricultores quanto às tecnologias a utilizar. Além disso, perguntámos aos agricultores se a investigação está profundamente enraizada nas necessidades reais dos agricultores. As respostas dos agricultores são apresentadas no Quadro 11.

Como indicado no Quadro 11, cerca de 67% dos inquiridos responderam "Não", argumentando que a investigação não está orientada para resolver os problemas reais das explorações agrícolas e que nem sequer estão a ser feitas tentativas para resolver os problemas das explorações agrícolas. Cerca de 8,4% dos agricultores responderam "ambos", tendo em conta as novas alterações introduzidas no sector agrícola (variedades e falta de atenção às necessidades dos agricultores). A imposição de tecnologias inadequadas (BBM, variedades indesejáveis, política inaplicável, etc.) num local específico e a falta de atenção aos interesses dos clientes levaram os agricultores a responder "ambos".

Quadro 11. Respostas dos agricultores se o trabalho de investigação se baseou/centrou nas suas necessidades reais e nas prioridades da população agrícola

	Moretna-Jirru		Ada		Gimbicu		Total	
Respostas	N	%	N	%	N	%	N	%
Sim	18	27.7	13	20.0	12	20.0	43	22.6
Não	41	63.1	44	67.7	43	71.7	128	67.4
Ambos	6	9.2	8	12.3	5	8.3	19	8.4
Total	65	100	65	100	60	100	190	100

4.8.2 Serviços de aconselhamento em matéria de extensão

Os recursos podem ser mais bem utilizados e a eficiência pode ser aumentada se o espírito do pluralismo for aplicado aos serviços de extensão, mas o pluralismo sem coordenação e colaboração entre os múltiplos prestadores de serviços está a criar um grande desafio na prestação de serviços de aconselhamento rural e no trabalho de extensão agrícola.

A maior oportunidade para a promoção do desenvolvimento agrícola reside no envolvimento e na liderança dos próprios produtores. O empoderamento, a consciência da equidade e os processos participativos têm estado ausentes dos esforços de investigação e extensão da maioria dos países em desenvolvimento. A maioria dos especialistas em desenvolvimento agrícola nos países em desenvolvimento concentrou-se na transferência de tecnologia. Esta estratégia pode ser resumida como uma tentativa de aumentar os níveis de produção através da utilização de tecnologias emprestadas pelos países economicamente avançados. A abordagem de cima para baixo é geralmente praticada. Mas não é convincente, nem é desejada pelos agricultores que pretendem tirar partido dela. O recurso à supervisão por grupos de pares e a técnicos internos em vez de uma estrutura pesada de cima para baixo aumenta o desempenho das explorações.

Para além disso, os agentes da extensão estão ligados à distribuição de insumos e a outras tarefas administrativas. Os agricultores afirmaram que os extensionistas são também membros de comités de agitação para a cobrança de impostos - certamente não são as melhores condições prévias para ganhar a confiança dos agricultores. Os extensionistas foram/são considerados como porta-vozes do governo por 84% dos agricultores.

Os investigadores também descobriram que os agricultores têm um acesso limitado aos factores de produção agrícola, mas não investigam o comportamento de produção dos agricultores (experiências pessoais e percepções, 2016).

Neste estudo, pediu-se aos agricultores que classificassem o principal mecanismo de transferência de tecnologia/inovação normalmente praticado nos três distritos. Cerca de 66% dos agricultores confirmaram que a abordagem de cima para baixo, sem feedback dos agricultores, é o caminho mais comum usado para transferir tecnologia/inovação para os agricultores a partir das instituições em causa (Tabela 12). Para este fim, o estudo também revelou que cerca de 45% dos agricultores da amostra foram receptivos/interactivos aos serviços de assessoria da extensão devido a várias razões. Entre estas, as razões mais importantes foram a falta de motivação dos investigadores e dos agentes da extensão (80%), a falta de conhecimentos tácitos dos agentes da extensão (73%), a reestruturação frequente das políticas (51%), e a falta de atenção às necessidades dos agricultores (43%). instituições (Quadro 12).

Quadro 12. Mecanismo de transferência de tecnologia/inovação, segundo a classificação dos agricultores, e razões para a ausência de feedback e para uma ação menos interactiva.

	Moretna-Jirru		Ada		Gimbichu		Total	
Descrição	N	%	N	%	N	%	N	%
De cima para baixo, sem feedback dos agricultores	40	61.6	44	67.7	41	68.4	125	65.8
De cima para baixo com feedback dos agricultores	19	29.2	13	20.0	14	23.3	46	24.2

Interativo (agricultores, investigação, etc.)	6	9.2	8	12.3	5	8.3	19	10.0
Razões para uma menor interação								
Falta de impulso	46	70.8	54	83.1	52	87.7	152	80.0
Escassez de conhecimentos tácitos	52	80.0	40	61.5	47	78.3	139	73.2
Reestruturação frequente da política	28	43.1	35	53.8	33	55.0	96	50.5
Menor atenção às necessidades dos agricultores	26	40.0	32	49.2	23	38.3	81	42.6
Total	65	100*	65	100	60	100	190	100

* *A percentagem total excede 100, indicando que os inquiridos deram respostas múltiplas*

4.8.3 Análise dos principais actores

O quadro concetual discutido a seguir consiste nos principais actores, o seu papel, ligação e interação, atitude, práticas e hábitos dos diferentes actores, ambiente propício, incluindo políticas, disposições institucionais e incentivos que afectam a capacidade e a eficiência dos actores para inovar em toda a cadeia de valor.

4.8.4 Principais actores envolvidos no desenvolvimento rural

Com a ajuda dos agricultores e dos agentes de extensão, o estudo tentou fazer uma lista do número de actores envolvidos no sistema de inovação. Assim, as partes interessadas incluíram os seguintes actores: agricultores, agentes de extensão, Gabinete de Agricultura e Desenvolvimento Rural (MoARD), investigadores, cooperativas de serviços, associações de camponeses, administração distrital, sindicato dos agricultores, a Ethiopian Seed Enterprise (ESE), comerciantes (grossistas e retalhistas) e ONG (Fig. 7).

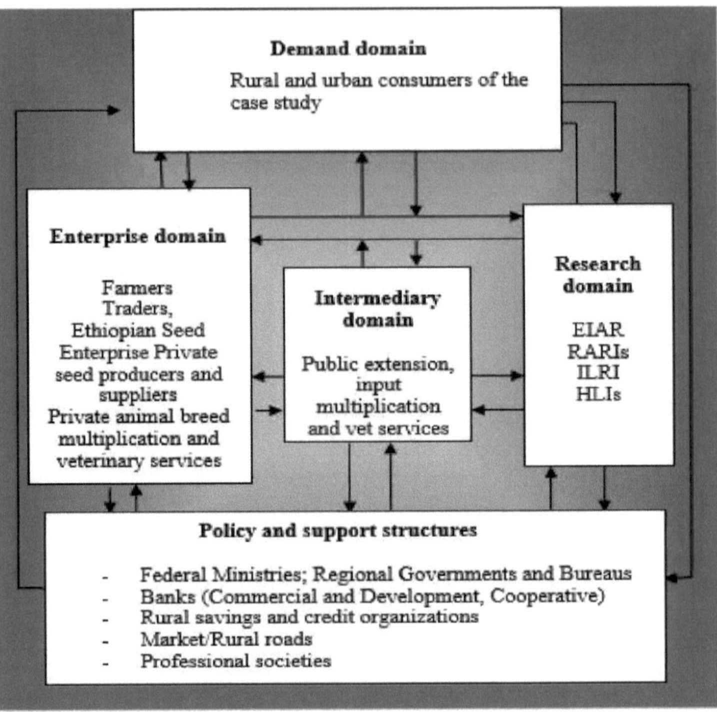

Figura *1*. Actores dos sistemas de inovação agrícola nas perspectivas nacionais, conforme discutido no workshop

4.9 Papéis e funções dos actores

Os actores desempenham vários papéis. Por exemplo, em várias alturas podem ser fontes de conhecimento, procuradores de conhecimento e coordenadores de ligações entre outros. Os actores que efetivamente transaccionam um determinado produto à medida que este se move através da cadeia de valor incluem os fornecedores de insumos, agricultores, comerciantes, transformadores, transportadores, grossistas, retalhistas e consumidores finais. Para que os serviços de aconselhamento de extensão sejam eficazes, os papéis e as funções foram discutidos exaustivamente. De acordo com as opiniões dos intervenientes, os papéis e as funções mais importantes dos agentes de extensão são: a) prestar aconselhamento sobre a produção, a pós-colheita, a transformação e a comercialização; b) melhorar a compreensão e as competências dos agricultores em matéria de produção e comercialização; e c) melhorar o acesso dos agricultores à informação sobre o mercado e ajudar os agricultores a utilizarem essa informação. De um modo geral, é suposto resolverem problemas e acederem a oportunidades. No entanto, foi sublinhado que estas funções não foram corretamente executadas pelos extensionistas.

4.10 Ligação entre actores

Nos distritos estudados, percebeu-se que as ligações existem em duas formas, nomeadamente: parceria e rede. A primeira refere-se a uma condição em que duas ou mais organizações reúnem conhecimentos e recursos e desenvolvem conjuntamente um produto, ou podem ser transacções comerciais, em que uma organização compra tecnologias (nas quais o conhecimento está incorporado) ou serviços de conhecimento a outra organização, caso em que a relação é definida por um contrato ou licença. Rede refere-se a redes que fornecem a uma organização informações de mercado e outras informações de alerta precoce sobre a evolução das preferências dos consumidores ou da tecnologia. Estas ligações e relações regem o movimento de mercadorias através das cadeias de valor.

No entanto, a utilização dos resultados da investigação ainda depende das estratégias de ligação entre os actores, porque a questão da transferência de tecnologia e da ligação entre os actores torna-se invejável para o desenvolvimento agrícola. Assim, a intensidade ou força das ligações dos agricultores com o resto dos actores foi descrita no Quadro 13.

Quadro 13. Intensidade das ligações dos agricultores (%) com outros actores

	Moretna-Jirru		Ada		Gimbicu		Total	
Ligação	Forte	Fraco	Forte	Fraco	Forte	Fraco	Forte	Fraco
Agricultores para agricultores	86.2	13.8	83.1	16.9	88.3	11.7	85.8	14.2
Agricultores para agentes de extensão	80.8	19.2	69.2	30.8	85.0	15.0	78.3	21.7
Agricultores para o MoARD	50.8	49.2	50.8	49.2	85.0	15.0	61.6	38.4
Dos agricultores aos investigadores	40.0	60.0	46.2	18.4	30.0	70.0	38.9	61.1
Agricultores ao serviço da cooperativa	93.8	6.2	53.8	46.2	96.7	3.3	81.1	18.9
Agricultores para a AP	87.7	12.3	55.4	44.6	80.0	20.0	74.4	25.6
Agricultores para a administração distrital.	80.0	20.0	35.4	64.6	85.0	15.0	66.8	33.2
Agricultores ao sindicato dos agricultores	46.2	53.8	35.4	64.6	80.0	20.0	53.2	46.8
Agricultores a ESE	53.8	46.2	38.5	61.5	31.7	68.3	41.6	58.4
Dos agricultores aos comerciantes	36.9	63.1	47.7	52.3	40.0	60.0	41.5	58.5
Agricultores para ONG	0.0	0.0	15.0	85.0	0.0	0.0	15.0	85.0

Foram promovidas várias iniciativas para reforçar a ligação investigação-extensão-agricultores na Etiópia. Apesar disso, a maior parte dos esforços foram interrompidos devido ao facto de a maior parte das iniciativas terem assumido a forma de projectos apoiados por doadores e também devido à frequente reestruturação institucional que teve lugar ao longo dos anos. A falta de uma ligação sustentável entre a investigação, a extensão e os agricultores pode ainda ser citada como um dos problemas mais importantes dos sistemas de investigação e extensão agrícola da Etiópia. O problema da ligação entre os decisores políticos, os investigadores, os extensionistas e os agricultores continuará a ser uma questão altamente prioritária (Quadro 13).

4.11 Atitude e práticas

As atitudes, rotinas, práticas e regras regulam as relações e interações entre indivíduos e grupos e determinam, em grande medida, a propensão dos actores e das organizações para inovar ou aceitar inovações (Horton, 1993). Há uma tradição de interação com outras organizações; alguns actores tendem a trabalhar isoladamente; outros têm uma tradição de partilha de informação com colaboradores e concorrentes, enquanto outros são mais conservadores a este respeito. Alguns resistem à assunção de riscos, outros não. Para além disso, foi também ilustrado que as atitudes e práticas também determinam a forma como as organizações respondem aos estímulos à inovação, tais como a mudança de políticas, mercados e tecnologia.

Além disso, também se observou que as atitudes que encorajam respostas dinâmicas e rápidas a circunstâncias em mudança, tais como choques externos ou pressão competitiva nos mercados, criam auto-confiança e confiança, promovendo assim a preparação para a mudança e estimulando a criatividade. No entanto, é necessário trabalhar mais para criar boas parcerias ou ligações entre os actores ou partes interessadas (investigadores, agentes de extensão e agricultores) para obter mais vantagens competitivas.

4.12 Ambiente propício

O ambiente propício inclui infra-estruturas, uma governação eficaz dos mercados de factores de produção e de produtos e um quadro político e fiscal de apoio às questões científicas, tecnológicas, jurídicas, consultivas e comerciais. De um modo geral, observou-se que não existe um ambiente propício ideal e que é necessário escolher entre as várias opções para o melhorar.

Assim, o ambiente propício influencia frequentemente a forma como os intervenientes de um sector podem utilizar os seus conhecimentos. Por exemplo, a introdução de abordagens mais participativas na investigação é muitas vezes ineficaz, a menos que as atitudes e os incentivos dos cientistas sejam alterados. As políticas de promoção da inovação devem ser adaptadas a contextos específicos. É necessário um conjunto de políticas que trabalhem em conjunto para moldar a inovação. Os dados sugerem que as intervenções políticas para criar um ambiente propício à inovação podem continuar a ser ineficazes se não forem acompanhadas de esforços para mudar as atitudes e práticas prevalecentes. Além disso, as políticas interagem com as atitudes e as práticas, pelo que as políticas eficazes devem ter em conta os padrões de comportamento existentes.

Para complementar os resultados do inquérito, a questão da ligação entre os principais intervenientes foi exaustivamente discutida no workshop das partes interessadas em 26 de novembro de 2011. A intensidade da ligação entre os actores-chave foi mapeada da seguinte forma (Figura 8).

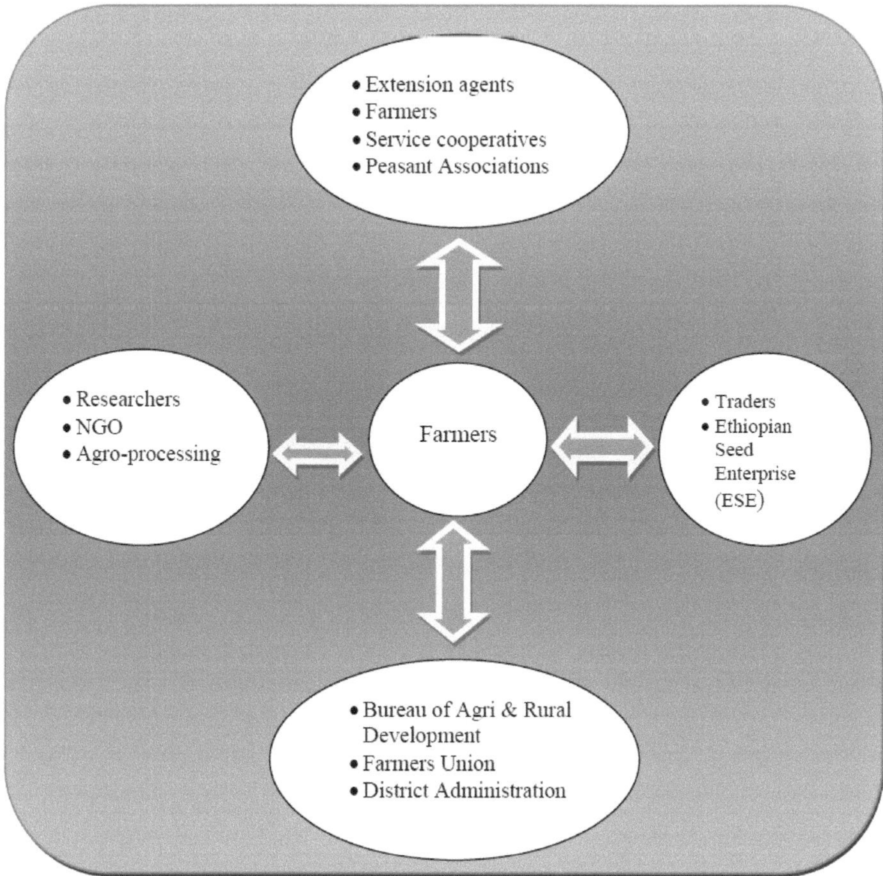

Figura 8. Ligação entre os principais actores, tal como discutida no seminário das partes interessadas

CAPÍTULO 5: CONCLUSÕES E RECOMENDAÇÕES

5.1. Conclusões

As constatações mais importantes que resultam do estudo da literatura, do inquérito, dos debates em grupo e dos workshops com as partes interessadas são as seguintes

Estudo bibliográfico

Foram documentados estudos empíricos sobre o desenvolvimento da inovação e as inovações dos agricultores na Etiópia. O estudo revelou que os agricultores utilizam ervas tradicionais para controlar as carraças dos animais, os gorgulhos de armazenamento e as doenças das plantas, mais do que o mencionado até agora na literatura. As conclusões de Itana Ayana (1985), segundo as quais os agricultores têm um acesso limitado aos factores de produção agrícola, continuam a ser válidas, mais de três décadas depois. Mesmo quando podem obter pesticidas, estes já não são muitas vezes eficazes e são demasiado caros para muitos pequenos agricultores na Etiópia.

Até agora, quase toda a investigação na Etiópia se centrou no que acontece com a produção, sem perguntar o que os agricultores pensam sobre os problemas. Os agricultores têm as suas próprias inovações, mas até agora os centros de investigação agrícola não testaram se as inovações dos agricultores estavam corretas, nem começaram a trabalhar na investigação sobre as inovações indígenas. Além disso, o potencial dos agentes botânicos tradicionais de controlo de pragas e doenças foi largamente ignorado, no passado, provavelmente porque a sua eficácia ainda não foi demonstrada experimentalmente.

Inquérito

Este estudo revelou que a agricultura camponesa na Etiópia reflecte um conhecimento considerável da gestão dos solos e das plantas tradicionais. As principais razões pelas quais os agricultores utilizam os conhecimentos autóctones adquiridos através da experiência para manter baixos os custos dos factores de produção tecnológicos modernos e para encontrar soluções de compromisso para os seus problemas agrícolas. As inovações dos agricultores mais conspícuas identificadas neste estudo são a "cama larga e sulco (BBF)" e o "sulco de cumeeira aberto (ORF)", que têm sido utilizados para drenar o excesso de água das terras agrícolas. Mais de 95% dos entrevistados afirmaram que o BBF e o ORF são inovações agrícolas importantes para a produção de culturas nos Vertisols (solos negros pesados). O papel dominante das BBF e ORF nos distritos de estudo de Moretina-Jiru e Gimbichu, respetivamente, é bastante pronunciado.

O estudo confirmou que quase 8,4% dos agricultores-inovadores da amostra eram analfabetos, enquanto 91,6% eram alfabetizados, dos quais 24,2% sabiam ler e escrever, e 29,5% e 34,2% tinham concluído o ensino secundário, respetivamente. Isto indica que os agricultores-inovadores selecionados para este estudo têm melhor acesso à escola e à aprendizagem.

O inquérito também revelou que existem variações na distribuição das culturas entre os distritos estudados. O trigo é a cultura dominante, extensivamente cultivada nos distritos de Moretna-Jirru (1,09 ha) e Gimbichu (1,70 ha), enquanto o tef domina no distrito de Ada (2,08 ha). Exceto no distrito de Ada, os agricultores também reportaram que o trigo é a cultura mais importante para satisfazer tanto as necessidades de dinheiro como de comida da família. Este facto é evidenciado pelo facto de que a grande proporção da área de terra cultivada é atribuída ao trigo. Em termos comparativos, as propriedades dos agricultores inovadores selecionados para este estudo eram maiores do que as dos agricultores comuns.

Quase 66% dos agricultores confirmaram que a abordagem de cima para baixo, sem feedback dos agricultores, é o caminho mais comum usado para transferir tecnologia / inovação para os agricultores das instituições em causa. Para este fim, o estudo também revelou que cerca de 45% dos agricultores da amostra foram receptivos/interactivos aos serviços de aconselhamento da extensão devido a várias razões. Entre estas, as razões mais importantes foram a falta de confiança nos investigadores e nos agentes da extensão (80%), a falta de conhecimentos tácitos dos agentes da extensão (73%), a reestruturação frequente das políticas (51%), e a menor atenção às necessidades dos agricultores (43%).

Os princípios de produção que os agricultores consideraram para aceitar a tecnologia e a inovação das organizações de investigação e de outros agricultores são a vantagem económica (97,9%), a viabilidade técnica (87,9%), a validade ambiental (84,7%), a capacidade de absorver a inovação (81,6%) e a aceitação social (58,4%).

De acordo com as opiniões dos agricultores, os principais factores que os levaram a inovar e/ou a utilizar novas inovações foram o problema do entupimento de água (98%), a escassez de terras cultiváveis (96%), a escalada do preço dos factores de produção (83%) e o declínio da produtividade das terras (76%).

Os agricultores que participaram na discussão do grupo de foco afirmaram que os instrumentos agrícolas e os sistemas de gestão da terra permaneceram em grande parte inalterados ao longo das gerações, exceto a introdução de variedades de alto rendimento e fertilizantes. Da mesma forma, afirmaram que o problema da pós-colheita e o sector da pecuária permaneceram praticamente intocados pela investigação.

Em conclusão, os agricultores são um conjunto do processo de inovação, enquanto um sistema de inovação engloba muitos actores envolvidos na geração, difusão, adoção e utilização de novos conhecimentos.

5.2. Recomendações

As principais recomendações efectuadas com base nos resultados do estudo são as seguintes

O sistema participativo de investigação e extensão tem de ser concebido para reduzir o fosso gritante entre os agricultores, a extensão e a investigação. Os investigadores e a extensão devem também capacitar as comunidades agrícolas para fazerem a diferença através de uma teoria/metodologia que reflicta a complexidade e a atualidade dos problemas que os agricultores enfrentam. Isto ajudará a estudar as inovações dos agricultores, a difundir as tecnologias de forma eficaz, a criar confiança entre os actores e a tornar o desenvolvimento sustentável na ausência de agentes de extensão.

Além disso, a fim de obter informações mais significativas sobre as inovações dos agricultores, os seguintes aspectos devem ser objeto de atenção em futuras investigações:

- ❖ Espera-se que a compreensão das inovações dos agricultores contribua para o desenvolvimento de mensagens de extensão que conduzam a um aumento efetivo da qualidade dos serviços de investigação e extensão.

- ❖ A integração das inovações dos agricultores com os resultados da investigação deve permanecer intacta para garantir a diversidade tecnológica e para ganhar a confiança e a cooperação dos agricultores.

- ❖ O estudo revelou que a inovação é um processo colaborativo e interativo que exige que os investigadores e os agentes de extensão trabalhem em conjunto com os agricultores inovadores para criar um sector agrícola mais produtivo, eficiente e competitivo em todo o país.

- ❖ O estudo dos conhecimentos autóctones torna a inovação repetível, sustentável e rentável, e colmata o fosso existente entre os agricultores, a extensão e a investigação.

- ❖ Os estudos sobre os conhecimentos autóctones e as inovações dos agricultores reforçaram a capacitação dos agricultores. Esta é uma forma alternativa de associar a investigação e a extensão aos agricultores.

- ❖ A partilha de experiências e conhecimentos entre os agricultores de vários distritos, como demonstrado nos três distritos estudados, pode acelerar a transmissão da inovação.

- ❖ Há uma necessidade urgente de testar cientificamente se as plantas utilizadas pelos agricultores para proteger os seus grãos armazenados têm realmente propriedades insecticidas. Isto permitirá aos investigadores e agentes de extensão dar aos agricultores recomendações úteis e conceber estratégias de investigação para comercializar as plantas.

- ❖ O conhecimento dos investigadores e dos agentes de extensão sobre as atitudes dos agricultores em relação às plantas tradicionais é ainda mínimo e tem de ser melhorado.
- ❖ os resultados do estudo-piloto obtidos podem ser aplicáveis a outras zonas da Etiópia com condições socioeconómicas e agro-ecológicas semelhantes.

Finalmente, as limitações do estudo são: i) o estudo utilizou dados transversais que não reflectem o sistema de inovação de um produto específico (trigo, tef, grão-de-bico ou lintel), e ii) deve ser utilizada uma grande amostra aleatória de agricultores de uma área mais vasta para aperfeiçoar este estudo.

AGRADECIMENTOS

Agradecemos ao Centro Técnico de Cooperação Agrícola e Rural ACP-UE (CTA) por fornecer o apoio técnico, encomendar e financiar o estudo e ao St. Mary's University College por acolher este estudo. Mary's University College por ter acolhido este estudo. Os agradecimentos são também extensivos aos agricultores que participaram entusiasticamente neste estudo.

Referências

Abate Bekele, Machiel, F. Viljoen e Gezahegn Ayele, 2009. Effect of farm size on technical efficiency of wheat production: A case study of the Moretna-Jirru district, Central Ethiopia, *Indian Journal of Agricultural Economics, Volume 64 (l): 133-143.*

Abraham Blum e Abate Bekele. 2002. Storing grains as survival strategy of small farmers in Ethiopia (Armazenamento de cereais como estratégia de sobrevivência dos pequenos agricultores na Etiópia). Journal of International Agricultural and Extension Education, 9 (1) 77-83.

Arrow, K. 1962. Economic welfare and allocation of resources for invention. econpapers.repec.org/bookchap/nbrbnberch/2144.htm, acedido em julho de 2017.

Bekele, A. J., Obeng-Ofor, D. e Hassanali. 1996. Avaliação de *Ocimum suave* (selvagem) como uma fonte de repelentes tóxicos e protectores no armazenamento contra três pragas de insectos de produtos armazenados. *Jornal Internacional de Gestão de Pragas*, 42 (2) 139-142.

Byerlee, D. 1990. Desafios tecnológicos na agricultura asiática na década de 1990. In: C. K. Eicher e J. M. Staatz (eds), Agricultural development in the third world. Segunda edição, Baltimore: The Johns Hopkins University Press: 424-433.

Carlsson, B., Jacobson, S., Holmen, M. e Rickne, A. 2002. Innovation systems: analytical and methodological issues. *Política de investigação* 31: 233-245

Carlsson, B., Jacobsson, S. 1997. In search of useful public policies: key lessons and issues for policy makers. In: Carlsson, B., (ed.), Technological Systems and Industrial Dynamics, Kluwer Academic Publishers, Dordrecht.

CSA (Autoridade Estatística Central). 2016. Resumo estatístico. Addis Abeba.

Dessalegn Rahmato, 2009. The Peasant and the State: Studies in Agrarian Changes in Ethiopia 1950s-2000s, Addis Ababa University Press.

Edquist, C. (Ed.) 1997. Systems of Innovation, Technologies, Institutions and Organizations (Sistemas de Inovação, Tecnologias, Instituições e Organizações), Pinter, Londres

Edquist, C., Hommen, L., Johnson, B., Lemola, T., Malerba, F., Reiss, T., Smith, K. 1998. The ISE Policy Statement-the Innovation Policy Implications of the 'Innovations Systems and European Integration'. Projeto de investigação financiado pelo programa TSER (DG XII). Universidade de Linko "ping, Linko'ping.

Elwell, H. e Maas, A. 1995. *Natural pest and disease control (controlo natural de pragas e doenças).* Natural Farming Network, Harare, Zimbabué.

Freeman, C. 1987. Technology Policy and Economic Performance: Lessons from Japan, Pinter,

Londres.

Freeman, C. 1988. The Economics of Industrial Innovation, Pinter, Londres.

Hall, A., Mytelka, L. e Oyeyina, B. 2006. Concepts and guidelines for diagnostic assessments of agricultural innovation capacity (Conceitos e diretrizes para avaliações de diagnóstico da capacidade de inovação agrícola). Universidade das Nações Unidas, série de documentos de trabalho UNU-MERIT n.º 2006-003. Maastricht, Países Baixos.

Hauknes, J., Nordgren, L. 1999. Economic rationales of government involvement in innovation and the supply of innovation-related service. Documento de trabalho STEP. STEP-group, Oslo.

Horton, R. 1993. Patterns of thought in Africa and the West; *Essays on magic, religion and science,* Cambridge University Press, Cambridge.

http://archive.ifla.org/IV/ifla73/papers/120-Aina-en.pdf, acedido em maio de 2016.

FIDA, 2008. Innovation/Strategy, Enabling Poor Rural People to Overcome Poverty, www.ruralpovertyportal.org, acedido em setembro de 2013.

Islam, N. (ed). 1995. Population and food in the early twenty-first century: meeting future food demand of an increasing population. Washington, DC: *IFPRI (International Food Policy Research Institute):* 239.

Itana Ayana. 1985. Uma análise dos factores que afectam os padrões de adoção e difusão de pacotes de tecnologias agrícolas na agricultura de subsistência: Um estudo de caso em dois distritos de extensão na Etiópia. Tese de mestrado, Addis Abeba.

Johnson, B., Gregersen, B. 1994. Sistema de inovação e integração económica. Journal of Industry Studies 2, 1-18.

Lundvall, B.-A. 1992. National Systems of Innovation, Towards a Theory of Innovation and Interactive Learning, Pinter Publishers, Londres.

Malerba, F. 2002. Sistemas sectoriais de inovação e produção. ELSEVIER, Research Policy 31:247-264; www.elsvoer.com/locate/econbase.

Marshall, R. e Thompson, A. 1978. Status and prospects of small farmers in the South. Atlanta: Conselho Regional do Sul de Atlanta.

McCann, J. 1990. Um grande ciclo agrário: Productivity in the highland Ethiopia, 1990-1987, *Journal of Interdisciplinary History*, 20: 399-416.

McKelvey, M. 1997. Utilizar a teoria evolutiva para definir sistemas de inovação. In: Edquist, C., (Ed.), Systems of Innovation, Technologies, Institutions and Organizations, Pinter, Londres.

Moseley, M. J. 2003. Rural development: Principles and practice. SAGE Publications, Londres.

Mytelka, L.K. 2000. Local systems of innovation in a globalized world economy (Sistemas locais de inovação numa economia mundial globalizada). *Indústria e Inovação* 77(1): 15-32.

Nelson, R.R. 1993. National Innovation Systems: A Comparative Study, Oxford University Press, Oxford.

Nelson, R.R. 1995. Recent evolutionary theorizing about economic change. Journal of Economic Literature 33: 48-90.

Experiências e percepções pessoais, 2016.

Poswal, M.A.T. e Akpa, A.D. 1991. Current trends in the use of traditional and organic methods for control of crop pests and diseases in Nigeria. Tropical Pest Management, 37: 329-333.

Reij, C. e Waters-Bayer, A. (eds). 2001. Farmer Innovation in Africa: A Source of Inspiration for Agricultural Development, Earthscan, Londres, http://www.earthscan.co.uk/asp/bookdetails.asp, acedido em fevereiro de 2012.

Rogers, E. 1995. *Diffusion of Innovations*. Revisto por Greg Orr. 18 de março de 2003, *www.stanford.educlass*. Acedido em maio de 2013.

Rosenberg, N. 1982. Inside the black box: technology and economic. Cambridge University press, Amazon.com

Sachs, J. 2005. The End of Poverty: Economic Possibilities for Our Time. Londres: Allen Lane.

Sarah, G. e Ehui, S. 1996. The relative efficiency of alternative land tenure contracts in a mixed crop-livestock system in Ethiopia. *Um documento apresentado na Sociedade de Economia Agrícola da Etiópia*, Adis Abeba, Etiópia.

Savadogo, K., Reardon, T. e Pietola, K. 1994. Produtividade agrícola no Burkina Faso: Effect of animal traction and nonfarm income. *American Journal of Agricultural Economics*, 76: 608-612.

Singh, S. P. e Williamson, H. 1985. Perspectives on the small farm cooperative research program. Escola de Agricultura e Economia Doméstica, Nashville: Universidade Estadual do Tennessee.

Smith, K. 1997. Infra-estruturas económicas e sistemas de inovação. In: Edquist, C., (Ed.), Systems of Innovation: Technologies, Institutions and Organizations, Pinter, Londres.

Smith, K. 1999. A inovação como um fenómeno sistémico: repensar o papel da política. In: Bryant, K., Wells, A. (Eds.), A New Economic Paradigm? Innovation-Based Evolutionary Systems, Commonwealth of Australia, Department of Industry, Science and Resources, Science and Technology Policy Branch, Camberra, pp. 10-47.

Uma, J. L. 1990. Gestão do desenvolvimento agrícola em África. In: C.K. Eicher e J. M. Staatz (eds), Agricultural development in the third world. Segunda edição, Baltimore: The Johns Hopkins University Press: 531-539.

Wiggins, S. 2009. Poderá o modelo dos pequenos agricultores reduzir a pobreza e garantir a segurança alimentar de uma população em rápido crescimento? Future Agriculture, documento de trabalho 8.

Winrok International. 1992. Assessment of animal traction in Sub-Saharan Africa (Avaliação da tração animal na África Subsariana). Morrilton, Arkansas: Instituto Internacional Winrok para o Desenvolvimento Agrícola: 125.

Banco Mundial. 1997. Relatório sobre o Desenvolvimento Mundial. Oxford: Oxford University Press: 125

Banco Mundial. 2010. Relatório sobre o Desenvolvimento Mundial: Development and Climate Change, Washington, DC.

yes

I want morebooks!

Buy your books fast and straightforward online - at one of world's fastest growing online book stores! Environmentally sound due to Print-on-Demand technologies.

Buy your books online at
www.morebooks.shop

Compre os seus livros mais rápido e diretamente na internet, em uma das livrarias on-line com o maior crescimento no mundo! Produção que protege o meio ambiente através das tecnologias de impressão sob demanda.

Compre os seus livros on-line em

info@omniscriptum.com
www.omniscriptum.com

Printed by Books on Demand GmbH, Norderstedt / Germany